席跃良 总主编

环境艺术设计效果图

表现技法（第二版）

全国高等院校艺术设计规划教材

Expression of
Environmental Art
Design

席跃良　黄舒立　李鸿明

编著

中国电力出版社
CHINA ELECTRIC POWER PRESS

内容提要

　　环境艺术设计效果图手绘技法的表现优势是快捷、简明、方便，能够随时记录和表达设计师的灵感，是设计师艺术素养与表现技巧综合能力的体现。本教材的编写从我国高等院校艺术设计教学的需要出发，凝聚了第一线教师教学的实践经验，总结了课程改革的成果。全书共分五章，综合研究与系统讲述了环境设计效果图表现技法的基本理论、表现基础与训练方法等课题，包括环境设计效果图的基本原理、环境设计效果图表现技法的基础、环境设计中的线描与硬笔效果图、环境设计中的水色渲染与综合表现、环境设计效果图快速表现训练等内容。

　　本书依据我国高等院校艺术设计相关专业教学大纲和教学计划的规范要求，坚持理论与实践相结合、目前与将来相结合的原则，突出环境艺术设计类专业的应用性特点，融艺术、技术、观念、探索于一体，具有结构完整新颖、内容丰富翔实、系统性示范性强、适用面广等特点。

　　本书可作为全国高等院校环境艺术设计及相关设计专业本科教材使用，同时也适合作为设计爱好者的自学用书。

图书在版编目（CIP）数据

环境艺术设计效果图表现技法／席跃良，黄舒立，
李鸿明编著. —2版. —北京：中国电力出版社，2015.6（2019.8 重印）
全国高等院校艺术设计规划教材
ISBN 978-7-5123-7751-6

Ⅰ．环… Ⅱ．①席…②黄…③李… Ⅲ．①环境设计－
高等学校－教材 Ⅳ．TU-856

中国版本图书馆CIP数据核字（2015）第093738号

中国电力出版社出版发行
北京市东城区北京站西街19号　　100005　　http://www.cepp.sgcc.com.cn
责任编辑：王　倩
责任印制：蔺义舟　　责任校对：太兴华
北京盛通股份印刷有限公司印刷·各地新华书店经售
2008年第1版
2015年6月第2版·2019 年 8 月第 6 次印刷
889mm×1194mm 1/16·11.25印张·316千字
定价：59.00元

《全国高等院校艺术设计规划教材》编写工作委员会

序

20世纪初，我国开始引进西方现代设计。现代意义上的设计是个大概念，它涵盖建筑、园林、广告、包装、服装、展示、产品、影像、多媒体等广泛的设计领域。虽然开始人们并没有使用"设计"或"艺术设计"这些术语，然而长期以来，设计的实践一直在持续发展。

为什么是"引进"呢？就设计领域之一的环境艺术设计而论，中国建筑设计史上，早在秦汉时期就形成了第一次高潮，秦始皇筑长城、修驰道、开灵渠、建阿房宫和骊山陵等。中国建筑到了汉代已发展成完备体系，进一步营建宫殿、苑囿，如著名的长乐宫、未央宫、乐游苑、宜春苑等数不胜数。就城市规划而论，汉都长安城当时的面积大约是公元4世纪时罗马城面积的两倍半。中国古代建筑的成熟期是隋唐时代，从那时起，就已采用图纸和模型相结合的建筑设计方法，工匠李春设计修建的赵州桥便是世界最早的敞肩券大石桥，反映了当时桥梁建筑的最高水平。唐代的宫殿建筑更是气势雄伟、富丽堂皇，唐都长安大明宫的遗址范围相当于北京故宫面积的三倍多，大明宫中的麟德殿面积是故宫太和殿的三倍。当时地处东瀛的日本国，曾派大批留学生来中国学习，飞鸟、奈良时代遗留下来的木结构建筑—奈良室生寺的五重塔就是见证。

然而，中国在相当长时间内把艺术设计仅仅局限在"工艺美术""工艺装饰""民间工艺"和"美工"这样一个范围内，甚至在"艺术"的眼光下，设计是一门"匠气""俗气"的"手艺"。直至改革开放后，现代艺术设计才提到日程上来。所以，始于20世纪初的所谓引进实为重归故里。20世纪80年代始，我国许多工科与艺术院校陆续创办了"工业设计"专业学科；20世纪90年代又纷纷更名为"艺术设计"专业，特别是进入21世纪以来，形势发生了根本性的变化，艺术设计迅速融入了全球信息化和网络化的轨道。

时至今日，艺术设计的表现形式变得更加丰富，涵盖内容也更加广泛。不但其自身越来越成熟，而且逐渐成为商业文化、流行文化最具前瞻性的领域之一。在信息网络时代，多种媒体的信息传达更加迅速、频繁和大众化，而作为这些范畴所载负的艺术设计，也随之不断扩充中整合，其文化信息的推广不再是单纯的有关功能和作用的诠释或诉求，在一定程度上更是时尚语言与审美意义的需求，进一步促进了艺术表现形式更独特的表现力，以满足"图文时代"大众的视觉需求。

为满足这种图文需求，满足高等艺术设计教学的需求，我们组织编写了这套规划教材。当然，目前艺术设计类教材种类繁多，但大量教材并不能切实地满足教学需要。这套教材有针对性地从课堂教学实际出发，在"厚基础、宽口径"的前提下，对设计原理与元素、结构与形式进行优化，对内容与方法进行整合，强调了技能性、应用性和针对性特点。

切望这套教材能得到同行与广大读者的批评指正。

是为序。

中央美术学院教授、博士生导师
《美术研究》《世界美术》主编

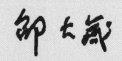

再版前言

　　《全国高等院校艺术设计规划教材》自 2008 年 8 月首版以来已有 6 年多的时间，中国电力出版社先后出版了《设计素描》《设计色彩》《设计构成》《环境艺术设计效果图表现技法》《环境艺术设计概论》《室内设计原理》《设计透视》《展示设计》8 种教材。几年来，每种教材印刷次数均在 5、6 次以上，发行量均达万余册。2013 年，《实体模型制作与应用》等数种新书陆续出版，使这套规划教材的影响力越来越大，受到了全国各地艺术与设计院校专业师生、图书馆或资料室，以及社会同仁的好评和青睐，选用量也日益增加。许多院校还将此套教材作为考研、专业考评、培训等方面的指定用书，与此同时，在毕业设计、论文撰写中，本套教材的许多内容也被多次转载、选用。根据各地院校、师生在教材选用中的实际情况反馈，以及为使本套教材的内容更新颖、更精炼、更适合教学实际需要，再版中作出了如下修订：

　　1. 修改后将使知识结构更为科学、合理、完善，更适合"应用型设计专业"的教学使用。

　　2. 全套教材除经典性、历史性、代表性强的插图难以变动外，对书中三分之二的图片和案例做了更新，所选图片与案例均是从国内外最新资料或各地院校师生优秀范作中选取的（所选作品、图片有署名的已标明作者，佚名者，因一时无法查找，在此致歉）。

　　3. 本套教材各册文字理论的修订内容达三分之一左右，基本保持原书原貌，对理论晦涩、内容冗长、重复叙述、观念滞后之处，进行了删改、提炼、合并与凝练，同时个别册也在有关章节增加了一些新内容。

　　本套教材的修订再版，仍然保持原套教材内容的广泛应用性、可选择性优势，深入浅出地介绍各专业课程的基本理论、系统的训练方法及目标要求。从教师教、学生学、专业性需求出发，依据学制、学时、岗位方向，遵循设计学的基本规律，关注学生就业中普遍出现的专业反串现象，加强应用型设计人才培养的特色内容。在本套教材再版及新增教材的加入后，将更多地接受全国各地艺术院校师生及社会广大读者的批评指正。

2013 年 12 月于上海

前言

《环境艺术设计效果图表现技法》是本人主持的2013年上海市精品课程的主要教材。本书自2008年首版以来，共印刷6次，销售万余册，受到全国各地艺术设计院校及相关专业许多师生、图书馆、资料室、社会同仁的关注与厚爱。除选定教材外，许多院校还将其作为考研、专业考试培训材料。在学生毕业论文的撰写中，该书的许多章节被多次转用、引用。

根据各地院校、在校师生教材实用情况的反馈信息，以及近些年来教学更新的需要，此次对全书内容与图片资料进行修订，以使本教材更为精炼、完善。修订中仍保持原教材的优势特点，并希望得到广大读者进一步的检验与指正。

手绘效果图表现技法，指在环境设计的过程中，除了方案设计图、技术设计图和施工图等技术性图纸之外，以建筑装饰设计工程为依据，通过手绘的技术手段，直观而形象地表达设计师的构思意图、设计目标的表现性绘画。凭借它在形象传达方面更为直观的信息，设计师可与委托单位和业主进行充分的讨论，或向有关方面更直接地展示设计的"预想空间"。手绘效果图技法是一门集绘画艺术、工程技术为一体的综合性学科。手绘表现技法不仅传递设计语言，而且它的每一根线条、每一个色块、每一个空间构成元素，都在很大程度上反映了设计师的专业素质、人文修养和审美能力。手绘技法的表现优势是快捷、简明、方便，能够随时记录和表达设计师的灵感。

作为一名从事环境效果图设计和绘制的专业人员，首先，应具有一定的环境、建筑学等方面的知识素养。只有充分理解环境设计的构思内涵，准确把握建筑结构的逻辑性、空间形体的严密性和尺度比例的合理性，方能有的放矢地进行技法表现。其次，必须具备一定的艺术修养和绘画基础。一个从业人员的素描和色彩功底将直接影响表现图的品位与质量。对室内外景物表现中的深入浅出、光影和质感处理时的淋漓酣畅，都须仰仗一定的绘画功底，稍有懈怠就很难胜任。再次，必须娴熟地掌握效果图表现技巧。具备了一定的环境学知识和相当的绘画基础，不等于就能创作出高质量的作品，因为效果图的表现虽然同一般绘画是相通的，但也有许多自身特点。相对于纯绘画而言，环境效果图作品更注重程式化的表现技法，更多地强调共性而非纯粹个性表现，作画步骤也趋向理性化和公式化。所以，若不谙练环境设计图的一些基本原理和表现方法，即使具有相当的绘画能力，有时也会一筹莫展。一张优秀的环境设计效果图，必须融环境设计与艺术表现、设计师与画师的素养于一体。只有先创造出高品质的设计原型，再加上优秀环境画师的表现技巧，才能产生真正具有审美价值的环境设计效果图。

总而言之，环境设计素养和绘画技能二者缺一不可。但环境设计效果图作品与一般收集创作素材、训练表现能力所进行的写生作品不同，因为效果图的创作过程是一种"有计划地预想"的表达过程，人们也常因此称之为"环境设计预想图"；同时，这种效果图作品与环境设计的平面图、立面图和剖面图也不一样，它往往是在平面上表现一种建立在空间透视基础上的"三维"空间的效果，因此也有人称之为"环境设计透视图"。严格地说，它是建筑绘画的一个重要方面，同时也是科学地表达空间、建立在现代透视学基础之上的一种绘画形式。

基于以上观念，本书的编写从我国高等艺术设计本科教学的需要出发，凝聚了第一线教学的实践经验，总结了课程改革的成果。本书共分五章，综合研究与系统讲述了环境设计效果图表现技法的基本理论、表现基础与训练方法等课题，包括环境设计效果图的基本原理、环境设计效果图表现技法的基础、环境设计中的线描与硬笔效果图、环境设计效果图中的水色渲染与综合表现、环境设计效果图快速表现训练等内容。本书依据我国高等院校艺术设计相关专业教学大纲、教学计划的规范要求，坚持理论与实践相结合、目前与将来相结合的原则，突出环境艺术设计类专业的应用性特点，融艺术、技术、观念、探索于一体，具有结构完整新颖、内容丰富翔实、系统性示范性强、适用面广等特点，可作为本科及各类院校艺术设计教学的必修教材。

　　本教材的编著过程中，我负责全书的策划、图片编辑及全书的统稿工作，具体编撰第一章和第五章第一、二节；黄舒立老师编写第二、三章；李鸿明老师撰写第四章和第五章第三、四节。第二版修订中，由黄舒立老师提供她编写部分的修订图文，我负责其余部分内容的修订与统稿。在全书编著过程中，得到相关大学的关心；同时得到中国电力出版社领导周娟编审的积极支持、责任编辑王倩的热心帮助；还得到相关老师以及俞雪艳、刘佳芸、张美凤、顾莹、俞斐然、扬佳源、包小宜、沈伊莉、闵惠玲、张蕾、林澄昀、李梦佳、陈丽、曹雄华、胡辰怡、齐臣等大批同学的积极参与及提供的作品。对他们为本书所作的努力，在此一并表示衷心的感谢。

席跃良

2015年1月于上海浦东

目录

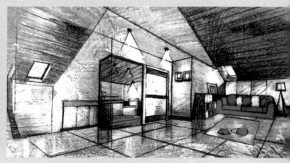

第一章
环境设计效果图的基本原理

在环境设计中，技术与艺术是相结合的系统设计过程，每项任务都是在设计师的整体构想指导下，以表现图、文字、数据等形式分别拟定出来。当人们展开某一方案时，必须将有关的图示、图形和资料详细解读之后经多方思考，对其信息进行综合处理与表现，从而构建设计方案的印象。

在这种"构建印象"的过程中，对技术方面的信息可通过数据和规范程式去把握，而对于艺术效果，如空间与造型关系、整体色调与局部色彩关系、材质与环境协调关系、布光与投影关系、视觉与效果关系等方面往往采用设计表现图的形式进行表达。表现图包括设计预想图（这里称环境设计效果图）和设计制图（又称施工图）两类。这两类表现图的共同之处是以图示形式直观地表达环境设计方案。其不同之处在于，效果图以通过艺术形象传达环境感受为主，设计制图则通过标准尺度强调施工的技术数据（图1-1～图1-5）。

本书遵循教学秩序与知识结构的分工要求，就环境效果图的表现形式进行研究，同时效果图表现的手法也是多种多样的，如手绘、电脑、模型等。根据课程教学内容的区别，本教程只讲解手绘表现技法方面的内容，其他技法类型将在别的课程中讲解。

图1-1 设计制图具有标准的尺度，可为施工技术提供一定的数据

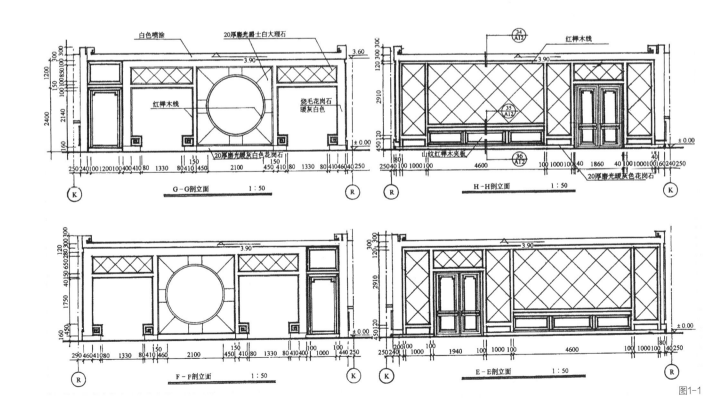

图1-1

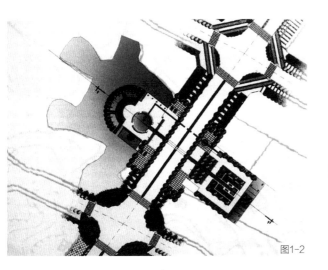

图1-2

图1-3

图1-4

图1-5

图1-2 具有平面性质的规划设计效果图，兼具制图的意义

图1-3 利用马克笔设计绘制的室内环境效果图

图1-4 利用硬笔（钢笔白描）绘制的室外环境效果图

图1-5 利用水彩、水粉画技法渲染制作的建筑效果图

第一节　环境设计效果图表现技法概述

概括地讲，效果图表现技法就是能够形象地表达环境设计师意图、构思的表现性绘画及其多种表现手段，是介于一般绘画作品与工程技术绘图之间的另一种绘画形式。

一、环境设计效果图表现技法的概念

这里所指的"环境设计效果图表现技法"，限定在建筑与环境设计的过程中，是指除了方案设计图、技术设计图和施工详图等技术性图纸之外，能够形象地表达设计师设计意图和构思的表现性绘画，多种技术与艺术结合的表现手段也属此列。依仗环境设计效果图在形象上更为直观的信息，设计师可与客户或有关方面进行充分的讨论，或更直观地展示设计过程与设计结果。这种表现的过程，是对未来构筑物形象或环境设计预想空间的一种预示，同时也是建筑及环境设计师创作思维过程与结果的呈现。

环境设计效果图的作品规格，与一般为收集创作素材、训练基本功而进行的写生、构画有所不同，因为效果图作品的创作过程是一种"有计划地预想"的表达过程，因此，如前所述，常常有人将其称为"环境设计预想图""渲染图"或"建筑效果图"。同时，环境设计效果图与建筑和环境设计制图的平面图、立面图和剖面图也各不相同，效果图的主要特征，往往是在平面上通过空间透视表达"三维"效果的画面，因此也有人称之为"环境设计透视图"，它属于建筑绘画的一个重要方面，也是建立在科学和客观地表达空间关系和现代透视学基础之上的一种绘画方法。

根据设计的整体效果和艺术表现特征的需要，表现"形与色"的真切气氛、具备形神兼备的真实感是环境设计效果图追求的更高境界。其特色体现在以下三个方面：

（1）专业特色——离不开建筑的专业特点；

（2）形象特色——因地制宜地体现室内外建筑环境形象；

（3）表现特色——材质、色彩、光影、透视等构成因素。

二、环境设计效果图形成和发展沿革

早在我国春秋战国时期的器具上就出现了建筑的图面形象，但一般都作为背景陪衬角色存在。汉、魏晋、南北朝、五代以来，壁画中的建筑环境由单体发展到群组（图1-6~图1-9），表现方法多为阴阳向背，产生了具有体量的立体效果。早在北宋年间，中国画中有关建筑的描绘已独立发展成为一项专门的画种——"界画"。同时，一些画家掌握了一定的透视效果的表现技法，创造出《清明上河图》等精湛作品。至北宋年间，中国的画家已经掌握了相当多的透视知识，但此后的几百年间，中国人的透视理论一直顺应文人画家的"寄情写意"技法之中，深深浅浅地留下了"散点透视"的斑斑履痕（图1-10和图1-11）。

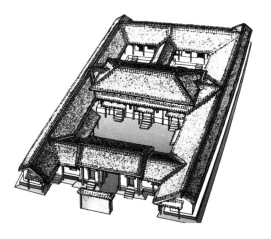

图1-6 西周初期，一组轴线对称组织的两进四合院式建筑效果图

图1-7 汉画墙砖中表现的两层式市场楼阁

图1-8 唐代作品中描绘了大型建筑群的磅礴气势

图1-9 绘于金大定七年，五代严山寺壁画中表现的宫廷建筑

图1-10 《清明上河图》生动地描绘了北宋东京汴梁城繁华的市场建筑群

图1-11 元代的《卢沟运筏图》中采用散点透视描绘的桥梁建筑景象

图1-12

图1-13

图1-14

明清时代是园林设计的顶峰时期，在理论和实践上都获得了辉煌的成就。明代在元大都太液池基础上建成西苑，扩大西苑水面，增南海。明清时代的私家园林建筑在苏州、杭州、扬州一带蔚然成风。清康熙和乾隆年间的皇家园林，"三山五园"，即万寿山清漪园（后改名颐和园）等最为突出，同时，一批建筑环境的绘画应运而生（图1-12~图1-14），体现了我国古代的效果图表现技法进入一个辉煌时期。

在西方，古罗马的建筑大师维特鲁威（Vitruvius）在公元前1世纪时就曾提到过用绘画表现建筑形象的问题。而古代希腊的哲学家阿纳萨格拉斯（Anaxagoras）在公元前5世纪时也曾经阐释过透视现象的原理，在古代希腊就曾萌发了透视画法的雏形。欧洲在意大利文艺复兴运动以后，真正将透视作为一门科学知识来研究，为人类作出了重大贡献。凭借透视学的发现，后世的艺术家、设计师、建筑师们得以在平面上创造逼真、立体的艺术形象（图1-15和图1-16）。

图1-12 清乾隆年间建成并命名的苏州网师园建筑图

图1-13 清圆明三园之一的"方壶胜景"坐落于汉白玉高台之上，金碧辉煌

图1-14 以昆明湖与万寿山架构的颐和园风光效果图

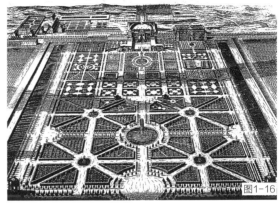

图1-15

图1-16

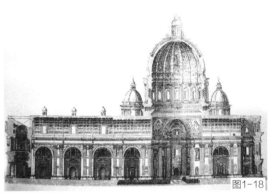

图1-17

图1-18

图1-19

图1-15 宏伟的古罗马市容效果图

图1-16 古罗马城市规划效果图

图1-17 佛罗伦萨人布鲁内莱斯基科学精神感召下精细刻画的建筑局部

图1-18 以严谨的透视法则表现的教堂建筑

图1-19 圣彼得大教堂的空间表现图

　　在意大利，从15世纪开始研究的透视法技术，创造出画面结构的宽度和深度，使线性图面中所有曲线汇集于唯一的投影点。佛罗伦萨人布鲁内莱斯基（Brunelleschi）对科学透视情有独钟，他把研究成果很快推向建筑学的领域。17～18世纪形成了今天常用的透视作图方法。到了19世纪，布鲁克（Brucke）及海姆荷尔茨（Helmholz）运用几何学的原理，完善了现代透视学。从此，透视才得以广泛地运用于建筑、绘画等视觉表现领域（图1-17～图1-19）。

水彩渲染画技法在18～19世纪的欧洲达到辉煌。英国、法国、德国等国家的画家和设计师把透视学知识与绘画技法及建筑设计结合在一起，发展成为用钢笔、铅笔和水彩等工具绘制地形画、建筑画、风景画等各类透视图的技法，成果突出的有德拉克洛瓦、透纳、康斯泰布尔、波宁顿等一批大师，大大拓宽了直观表现的环境设计效果图领域（图1-20～图1-23）。

图1-20 法国大师德拉克洛瓦用石墨加水彩绘制的地形画

图1-21 英国水彩画家乔治·罗伯逊绘制的卢布纳格湖地形风景画

图1-22 英国水彩画家理查德·波宁顿绘制的里昂码头

图1-23 英国水彩画家从绘画转向表现，创造出展示结构与空间的建筑水彩渲染技法

图1-24

图1-25

图1-26

图1-24 以空间结构为主的现代水彩渲染技法

图1-25 后现代主义建筑风格的水彩渲染，美国新奥尔良的意大利广场

图1-26 利用计算机技术将图像与摄影作品结合的处理

20世纪初，随着欧洲现代主义运动的产生，兴起了以功能主义为特征的现代建筑运动。同时，现代艺术中的表现主义和立体主义绘画风格也在一定程度上影响了建筑与环境设计表现图的风格。现代派的建筑大师中出现了以全新的视角与全新的表现手段来表达建筑设计的新观念。该时期环境建筑表现图的面貌，呈现出与现代主义绘画艺术相似的多元性和表现性（图1-24和图1-25）。

随着计算机辅助设计的广泛运用和新材料、新技术的大量出现，至20世纪80年代，建筑与环境设计表现图出现了日益专门化和职业化的趋势。建筑设计与室内设计在设计方法与表达方式上都出现了许多新的要求和标准。在微机平台上开发的大量辅助设计软件进入建筑设计、环境设计和其他设计领域。计算机辅助设计系统目前已经大量运用诸如Auto CAD、3DsMAX等设计软件，可模拟出极为真实的建筑外观和室内外空间景观，甚至能够通过电脑软件中动画技术的运用，以运动的视点和变化的视角观察建筑形象和室内外空间环境，从观念上改变了以往建筑表现图的概念（图1-26和图1-27）。

图1-27

图1-28

但是，在高新技术飞速发展的今天，更为重要的是，手工绘制的环境设计效果图在新材料和新技法的运用上也呈现出丰富多样的形态。这种徒手表现技法，灵活地表现出现代空间氛围、景观创新意念和设计师的创造意向。各种新颖而极富表现力的表现风格，使之在众多的表现艺术手法中仍然处于重要的地位（图1-28～图1-30）。

图1-27 用Sketchup软件建模方式创作的建筑形象
图1-28 用水彩渲染技法绘制的城市建筑群

图1-29

图1-30

图1-29 用马克笔渲染技法绘制的城市空间

图1-30 活跃的商旅集散中心大厅空间渲染（水彩综合表现）

三、环境设计效果图的作用与要求

如前所述，效果图是通过艺术形象表达"感受"的一种手段。当然，设计师仅仅借助感受经验去理解设计是不完整的，形象思维是一种复杂的思维形式，各个个体的思维结果也难以一致。环境设计效果图表现的目的就是为了让人们直观地了解设计师的意图，作为客户和服务对象审阅与修正意见的依据。因此，对于视觉形象和审美形式的把握就要求设计师以某种恰当的形式语言，较准确地表现出方案中有关形象的整合关系，表达出环境气氛与真实感，易于看懂和被人接受，在招标和业务竞争中起着重要的作用。

为此，要求设计师必须忠实于设计方案，尽可能准确地反映出设计意图，并尽可能表达出构筑物、织物等材料的色彩与质感。效果图是对设计项目的客观表现，不能像绘画那样过多注重主观随意性，也不能像工程制图那样"循规蹈矩"，应表现出较高的艺术性，因此要把握好两个基本功：正确的透视绘图技能和较强的绘画表现能力。具体要求如下：

（1）透视准确，结构清晰，陈设比例合理；

（2）素描关系明确，层次分明，立体感强；

（3）空间层次整体感强，界面、进深度变化适当；

（4）不同空间环境中的色彩应有鲜明的基调。

四、环境设计效果图的思维与表现

从理论上讲，设计表现是在设计方案完成之后进行综合设计的一种表达方式。根据这层含义，设计方案的成败与设计表现无关，而取决于设计本身。但是在实际的操作中，优秀的设计表现效果图不仅能够准确地反映出设计的创意和形式，还能够通过对设计形式和形象的整体感受，特别是对设计空间及形态的体量关系、材质和配色关系的直观视觉感受，有效地把握设计的预想效果。因此，通过效果图的表现，也可对设计方案和项目进行补充、修改与调整。

1. 环境设计效果图的设计表现

艺术形式拙劣的环境设计效果图，不仅不能引起人们对设计方案的兴趣，而且因为对设计意图的某些扭曲，很容易使人对设计创意、目标的合理性产生怀疑，甚至否决。从理论与实践两个角度去认识，我们可以较客观地处理设计与设计表现图之间的关系。设计师在充分而合理地把握与策划设计的各个环节的前提下，可强化设计表达的形式语言，提高设计图表现技法，形成完整、合理、感染力强的表现效果，从而使设计方案为人们所接受。

设计与设计表现是针对同一目标采用的不同方式的操作过程。设计

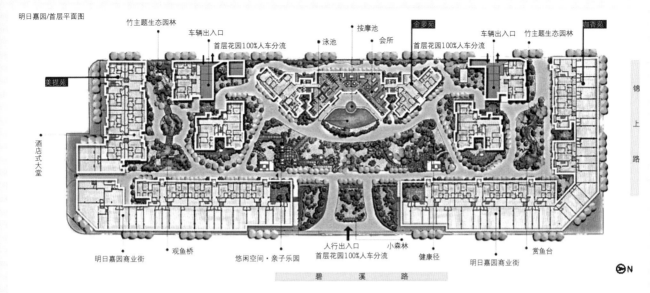

明日嘉园/首层平面图　竹主题生态园林　　　　　　　　　按摩池　　金萝苑　　　　竹主题生态园林　　咖香苑
　　　　　　　　　　车辆出入口　　　　泳池　　会所　　　　车辆出入口
　　　　　　　　　　首层花园100%人车分流　　　　　　　　首层花园100%人车分流
美提苑
　　锦
酒店式大堂　　　　　　　　　　　　　　　　　　　　　　　　　　　　　　　　　　　上
　　路

　　　　　　　　　　　　　　　　　　　人行出入口　小森林
明日嘉园商业街　观鱼桥　悠闲空间·亲子乐园　首层花园100%人车分流　健康径　明日嘉园商业街　赏鱼台
　　　　　　　　　　　　　　　碧　溪　路　　　　　　　　　　　　　　　　　　　　　◓N

图1-31

图1-31 具设计制图成分，又主要展示小区规划设计效果形式的图示表现

师把设计方案的整体构想分解落实到各个项目计划，以便深入设计，再通过效果图的表现把各项计划中的设计要素综合，从而表现出整体视觉效果，以便检验和审核设计方案的可行性。设计与设计效果图共同构成了完整的设计方案。

一旦设计师对设计构想过于自信而忽略设计表现，不能给人提供形象化的判断依据，则难以获得人们对设计方案的认同，有损于设计目标的实施。但设计的表现效果过于形式化，缺乏创意，也不可能出现好的设计方案，效果图则形同虚设，成为一张废纸。

环境设计效果图作为传达设计形式的语言之一，是以设计中各项目计划为基本依据的形象化图示语言。项目计划界定了效果图的内容与目的，同时，效果图的图示与相应的制图数据成为设计表现的基本参照，也成为设计施工的依据（图1-31～图1-33）。那么，在设计图示符号与效果图表现的图示形象两种语言之间，是否需建立某种关联呢？效果图是以模拟三维空间表达设计的整体构想，而设计制图则是分项提供的多角度、多图面的平面视图，怎样才能将平面视图转换为三维视图方式呢？怎样才能将分项目设计组合为一个整体呢？这一系列问题成为设计表现的基本问题。要解决这些问题，必须先搞清楚设计表现中应遵循的基本规律和可操作的相应方式，也就是在效果图表现技法中需要把握的准则。

2. 环境设计效果图的整合思维

设计的过程是先拟定出整体的构想，再把构想分解为各个项目计划，在项目计划中去论证和规划出可行的方案，并通过各项目计划的实施，实现设计的整体构想。而设计效果图表现的是在尚未实施各项目计划时，把握项目计划可能产生的结果，从而表现设计的整合效果。

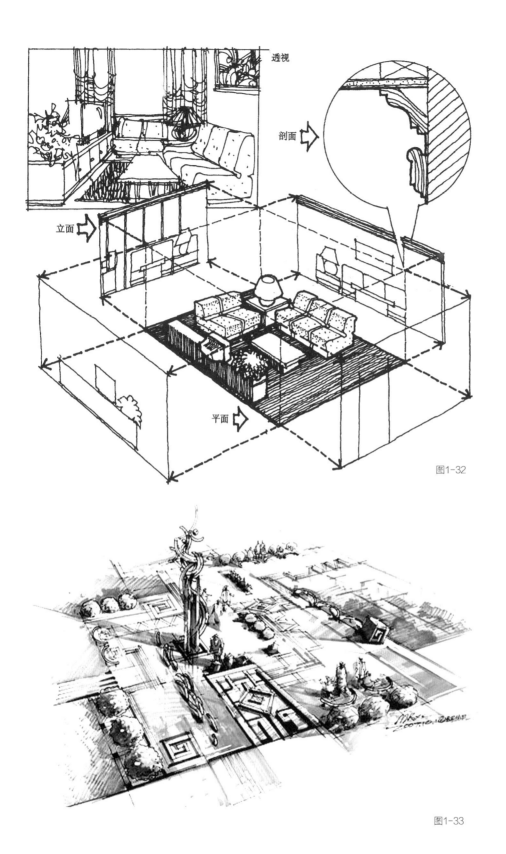

透视

剖面

立面

平面

图1-32

图1-33

在效果图中，不仅要严谨地把握各项目计划的特点要求，更要把握各项目计划方向的关系和所构成的完整性和统一性结果。因此，设计表现过程中整合思维方法是十分重要的。环境设计效果图中的整合思维方法是建立在较严密的理性思维和富有联想的形象思维之间的结合上的

图1-32 以白描形式进行的室内环境空间的分析表现图

图1-33 以马克笔快速表现的规划区界效果图

（图1-34和图1-35）。设计中的各项目计划给出的界定，在效果图中是以理性思维方式去实现其可能性的，如空间的大小、设备的位置、物体的造型、灯光的设置等，都可以按照设计制图中的图示要求作出相应的效果图，运用透视作图的方法将各透视点上的内容形象化。但是，各部分形象的衔接和相互作用却只能以富有联想的形象思维方法去实现，如空间的大小与光的强弱，物体的远近与画面的层次，受光、背光的材质与色彩变化投影的形状与位置等，都是在考虑各部分形象间的相互作用和影响所产生的整体气氛效果中形成的。这种既有理性数据要求，又有感性想象要求的思维方法，是环境设计效果图中的整合思维的核心。

　　环境艺术思维的基本素质是什么呢？是对形象敏锐的观察和感受能力，这是一种感性的形象思维，更多地依赖于人脑对于可视形象或图形的空间想象。这种素质的培养，还要依靠设计师建立起科学的图形分析的思维方式，以此规范为环境设计的特种素质。

图1-34 既有理性数据要求又有感性想象要求整合思维的城市规划图

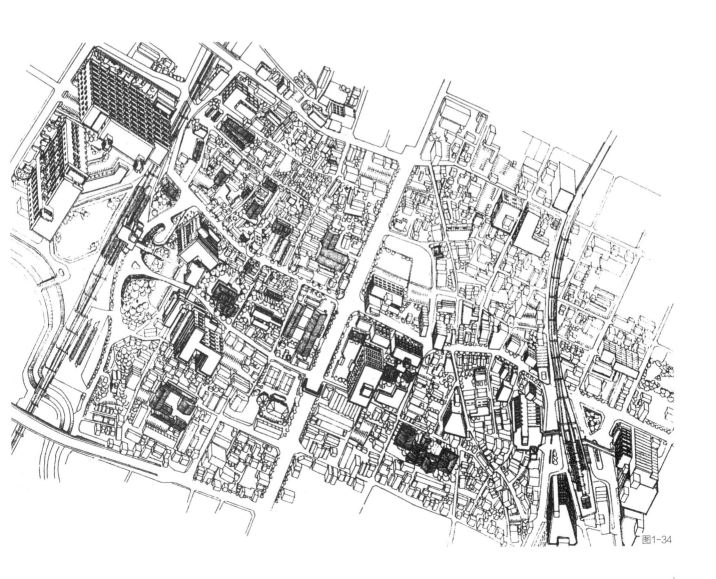

图1-34

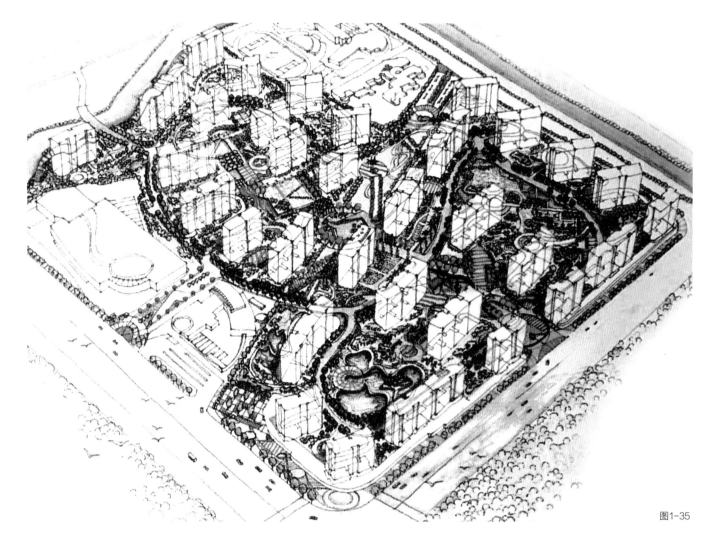

图1-35

第二节　效果图表现技法的特性

　　环境设计效果图的表现技法有各种形式，有的严谨工整，有的粗放自由，有的单纯明了，有的细腻精巧，有的色调统一，有的材质分明，有的结构清晰，而有的光影强烈等。这些表现形式具有各自的艺术表现个性和强烈的艺术表现效果，它们都刻意集中地反映了设计方案中某些特征或凸显的风格特点，对设计方案的真实性反映虽然不能面面俱到，却将设计的主旨与艺术形式有机结合起来，以此强化设计方案整体效果的真实性。

一、仿真性

　　所谓仿真性，就是把设计项目中规定的构筑物、室内外空间、质感、色彩、结构等表现内容进行相当真实的描绘和艺术加工。手绘效果图的表现是新环境设计的视觉传达形式。通过徒手的绘画表现，把环境的外部立体形态效果用非常写实、十分精细的手法绘制出来。但是，我们这里还必须强调表现的写实性（当然不同于绘画的真实性），实际上是"真切性"。仅仅是忠实地反映设计项目计划给出的内容和条件，并不是我们提出的设

图1-36

图1-37

图1-38

图1-36 室内陈设家具材质的仿真性表现，李梦佳作

图1-37 英国设计家仿真性水彩渲染表现

图1-38 街区景观色粉笔和彩色铅笔仿真性表现，俞雪艳作

计表现真实性的全部内容。如果仅是机械地复制设计方案的内容，缺乏艺术性的处理能力，将会失去设计中许多富于美感的因素，造成表现效果虽然严谨却丢失感染力的结果。

在环境设计的总体方案确定后，对每一个具体细节都需进行完善的构想设计，把整个环境空间及其细节的造型、色彩、结构、工艺和材料表面的质感等方面的成品预想效果充分准确地表现出来，为设计审核、设计制图、设计模型和生产施工提供可靠依据（图1-36～图1-38）。效果图传达的真实性侧重于表现设计的"真切性"，而不是现实的"逼真性"，基于此，确立设计表现应有的自身形式语言"仿真性"。

二、表现性

视觉感知通过手落到纸面称为表现，所谓表现性，是指纸面的图形通过大脑的分析有了新的发现。表现与发现的循环往复，使设计抽象出需要的图形概念，这种概念再拿到方案设计中去验证，获得进一步的或意想不到的新境界。抽象与验证的结果在实践中运用，成功运用的范例反过来激励设计者的创造情感，从而开始下一轮的创作过程。效果图的设计表现不同于纯绘画，绘画作品追求实现感觉体验的逼真效果，可以投入大量的时间进行形象的深入表达，并体现一种技能再现生活情景的观赏性价值；而效果图的"仿真性"表现，并不是依据设计对象进行完全真实的写照（写生效果），而是对设计方案预想效果的表达和想象表现，如果把现实生活的体验作为唯一的描绘准则，是费力不讨好的做法。可采用非写生真实的表现手法和各种技法进行效果图的表现（图1-39～图1-41）。

图1-39 将设计对象通过抽象的表现形式进行描绘

图1-39

图1-40

图1-41

图1-40 运用马克笔快速表现手法描绘的室内效果图，陈丽作

图1-41 采用水彩渲染技法经底纹肌理的显露表现特殊效果

　　环境设计效果图的价值体现在准确把握设计方案的总体效果，有助于人们对设计方案的认同。我们应根据设计方案中既定的内容和条件进行准确而充分的表现。但是，设计方案中各项目计划之间相互作用的整合效果才是设计的最终结果，而在设计方案中对结果是没有给出明确界定的，只能通过理解、想象和艺术的表现手法去实现。

　　出于不同目的的艺术表现，在方法及形式语言表达方式上有很大差别，在设计表现中，设计的风格和个性是设计的灵魂，它集中地反映在整体效果的"意"和"趣"之中。这种"意趣"不是通过逻辑描述能够得到的，而只能付诸于某种艺术形式去体现，并被人们感受。可见，设计表现的真实性不是只孤立地描述形象的结构细节，而应该以恰当的艺术形式去表现那些情节和它们所构成的审美特征。只有形成鲜明的艺术表现风格，才能真实地反映出设计的内涵和特点，才更具艺术的表现力和感染力。

三、便捷性

便捷性，指在效果图的技法表现中，常常采用新型工具与材料快速勾勒出表达设计师意图的形象性图画。与平面制图图示语言相比，效果图的形象语言表达起到一种快速翻译和强化形象的解释作用（图1-42和图1-43）。设计制图中的图示符号，以它简洁的几何形、点、线、面等描述了设计各方面的企划，是设计构想的图形示意，使受过专业训练的人能够识别，且易读易懂。而效果图将平面的制图符号转换成具有三维和形象化特性的图形，也是设计构想的图形示意，但从这层意义上讲，它又具有一定的绘画性特征，使人能从更多层面去识别，并具有真实感。效果图中图示形象的描述，具有一定的典型性和程式化特性，需把握事物的本质规律，克服过于模仿自然的描述，排除干扰设计主题的不必要细节，以清晰而准确地表述设计的整体构想。制图语言和表现图语言的依据和目的是一致的，都是以设计构想为前提去示意设计结果，但以效果图方式示意设计方案，侧重在便于人们接受。

图1-42 运用色铅笔轻巧灵便的手法表现的景观效果图，章梦珏作

图1-42

图1-43

图1-43 运用彩色铅笔轻松自如地表现了室内效果，林澄昀作

四、启示性

启示性，就是为了让客户和服务对象了解设计方案的性能、特色和尺度，在设计效果图中展示方案，并进行相关的注解或说明。启示性，具有成为现实可能性的预示，虽不是现实，但却是对某一具体事物的现实反映，是对现实事物的本质特征和发展规律的应用，同时还有更多创造性的内涵。启示性，还具有一定的启发性，在表现物体的结构、色彩肌理和质感的绘制过程中，可启发设计师产生新的感受和新的思路与思想，从而完美地完成设计作品。

效果图通过启示性表现，产生图解思考。图解思考本身就是一种交流的过程，这种过程也可看作自我交谈，在交谈中作者与设计图相互交流。交流过程涉及纸面的绘制形象、眼、脑和手，这是一个图解思考的循环过程，通过眼、脑、手和绘制四个环节的相互配合，在从纸面到眼睛再到大脑，然后返回纸面的信息循环中，通过对交流环节的信息进行添加、删减、变化，选择理想的构思（图1-44和图1-45）。

在设计表现中，熟练地掌握和运用效果图技法的艺术语言，对提高作品的表现深度和感染力、增强人们对设计的全面认识、为设计施工提供佐证和依据等方面十分重要。设计通过图示形式来表达工程技术的设计观念，交流技术与艺术思想，人们常把这种现象的图样化过程称为"技术语言"。

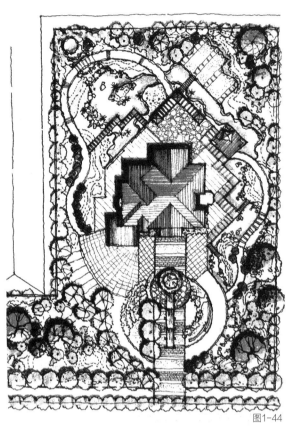

图1-45

图1-44

五、徒手表现

所谓徒手表现，主要是指凭手工借助于各种绘画工具绘制不同类型的效果图，并对其进行设计分析的思维过程。就环境艺术任何一项专业设计的整个过程来说，几乎每一个阶段都离不开徒手表现。概念设计阶段的构思草图，包括空间形象的透视图与功能分析的线框图；方案设计阶段的草图，包括室内外设计和园林景观设计中的空间透视图；施工设计阶段的效果图，包括装饰图和表现构造的节点详图等，可见离开徒手表现进行设计几乎是不可能的。

设计者无论在设计的哪个阶段，都要习惯于用笔将自己一闪即逝的想法落实于纸面，培养图形分析思维方式的能力。而在不断的图形绘制过程中，又会触发新的灵感。这是一种大脑思维形象化的外在延伸，完全是一种个人的辅助思维形式，优秀的设计往往就诞生在这种看似纷乱的草图当中。不少初学者喜欢用口头的方式表达自己的设计意图，这样是很难被人理解的。在环境设计领域，徒手表现图形是专业沟通的最佳语汇，因此掌握图形分析思维方式就是设计师的一种职业素质的体现。

徒手表现一幅环境设计图时，常使用钢笔、墨水笔、彩色铅笔、马克笔、水彩、水粉或其他多种材料涂抹色彩，产生富有感染力的效果，为人们喜闻乐见，缩短了设计师与服务对象的距离。徒手表现分为精细表现与快速表现两种，它们的区别在于时间和表达的精细程度。精细表现（图1-46~图1-49）也称慢工表现或细化表现，往往需要花好几天工夫或更长

图1-46

图1-47

时间，可把效果图表现得极为精致，如同喷绘，具有强烈的视觉感染力。快速表现（图1-50～图1-53）则是一种即时性、应时性的表现，以较短时间刻画出设计方案的大致效果，具有概括、精炼、速写性的效果，这种方法被设计师广泛采用。

图1-48

图1-49

图1-50

图1-48 精细的榕树根白描表现图

图1-49 精细的国外建筑彩色结构透视效果图

图1-50 室内环境空间用彩铅油画棒快速表现，席跃
良作

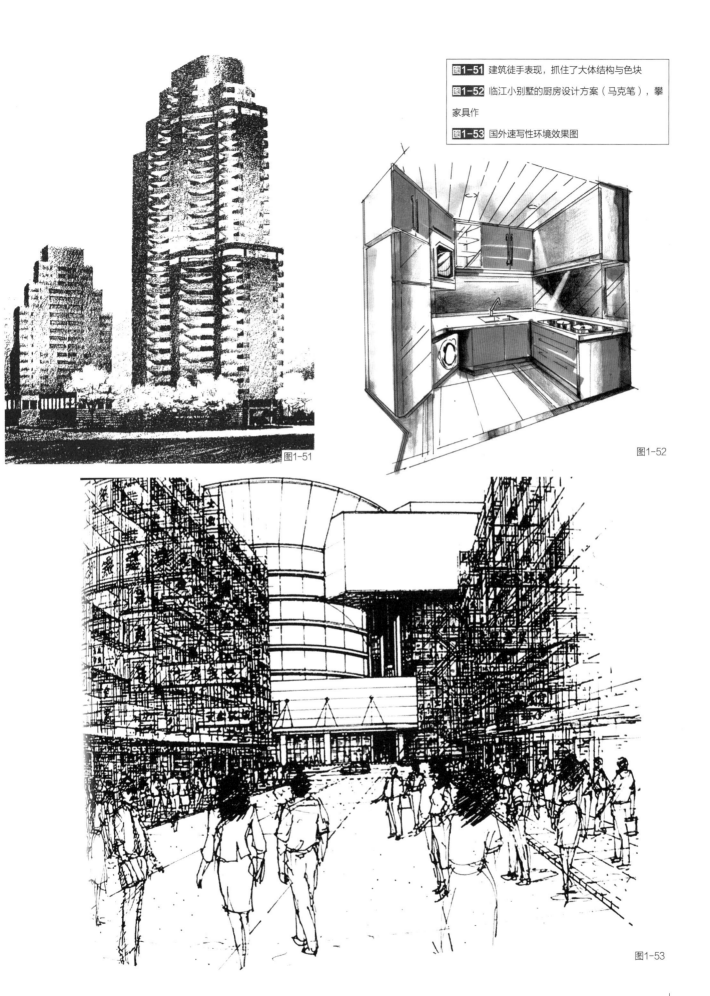

图1-51

图1-52

图1-53

第三节　效果图表现技法的基本功

在环境艺术设计的全过程中，无论是起初的草图表现，还是方案阶段的预想表现和设计结果终极形象表现，优秀的建筑及环境设计效果图，都充分体现了设计师的设计表现能力与绘画技能等多方面的能力，也是综合艺术修养的体现，诸如透视与构图能力、素描与速写能力以及色彩知识与运用的能力等。此外还应掌握一定的结构、功能、构造等方面的工程技术知识。我们可从几个方面来认识它对专业基本功的要求。

一、环境空间的透视表现

环境设计效果图中的空间表现技法，依赖于艺术基本功的磨炼。透视画法是一门表现环境空间和驾驭造型艺术本质的最奏效的技术，也是建筑师、设计师体验并把握空间感觉的方法。一般人常认为透视作图很专业，很难学，实际上，任何人只要从基本的方法开始练习并反复应用，便能画好一张环境空间的透视效果图。

专门的透视学课程使我们具备了表现各种场景下透视现象的制图方法，然而在实践中能够融会贯通，以最简捷的方法刻画出特定的空间透视轮廓，并非一日之功。从环境设计效果图的特点来看，常用的透视方法主要有"平行透视""成角透视"和"三点透视"等几种，简要列举如下。

1. 平行（一点）透视的空间表现

在透视效果图技法的表现方式中，平行透视（即一点透视）是最基本的一种表现技法。它有两个明显的特征：一是环境空间中方形物体至少有一个面与画面平行；二是所有在远处消失的线都集中在一个心点上。设计效果图表现环境空间的目的就是要在二维的平面上表现出三维的立体效果，即画出构筑物的高、宽、深的透视关系（图1-54和图1-55）。在纸上，物体的高和宽是容易表现的，因为它们与画面是平行的关系，而物体的透视深度则要通过一定的方法才能求得。

这种作图方法运用较为广泛，在表现室内空间时能产生较强纵深感的效果。通常可同时表现出室内正立面、左右立面以及地坪和天花。但在一些较复杂的场景中，仅仅用平行透视的方法不足以完整地表达各种复杂的空间关系，这时就可能用到除平行透视外的其他透视作图方法。

2. 成角（二点）透视的空间表现

成角透视也称"二点透视"。与平行透视相比，成角透视不仅能表现物体的主体效果，而且更富于变化。在成角透视情景下，所有物体向远处消失的线都不集中在心点上，而是向心点两处的余点消失。所谓余点，是方形物体在成角透视状态下，其两组边线必然通过视点向两个方向延伸，在

图1-54

图1-55

图1-54 车站，木炭笔平行透视效果图

图1-55 广场建筑平行透视效果图

视平线上产生两个交点，位于心点左右，这两个点即余点，也称灭点。余点的确定主要取决于物体放置的角度。而要画出成角透视的深度，则必须通过测点。

二点透视能够比较自由、活泼地反映出环境中构筑物的正侧两个面，容易表现出物体的体积感，并具有较强的明暗对比效果，是一种具有较强表现力的透视形式，在环境设计效果图的表现中运用很广泛（图1-56和图1-57）。

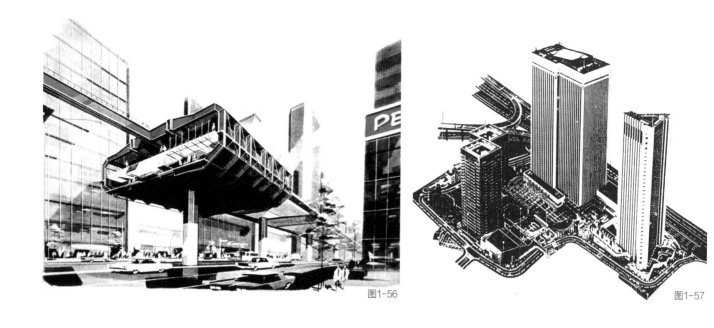

图1-56

图1-57

图1-56 室外景观成角透视水粉渲染效果图

图1-57 日本东京摩天大楼成角透视白描效果图

3. 斜角（三点）透视的空间表现

平行透视与成角透视在画法上区别很大，但它们有一个共同的特点，即画面和物体都垂直于地面，彼此又相互平行。而三点透视是人在俯视或仰视物体时形成的结果，即在垂直方向上产生了第三个消失点。这与倾斜透视有相同之处，但也有区别，其区别是在具体画图时，三点透视中的天点和天测点（或地点和地测点）的确定方法是不同的。

这种透视方法，特别适合表现硕大的体量或强透视感。在表现高层建筑时，当建筑物的高度远远大于其长度和宽度时，宜采用三点透视的方法（图1-58和图1-59）。此外，在表现城市规划和建筑群时，常采用把视点提高的方法来绘制"鸟瞰图"，这也是三点透视的一种形式。

在不同项目的环境设计效果图的绘制中，选择合适的透视方法和恰当的视平线和视点是成功的关键。另外，在作图过程中有意识地运用透视规律，突出重点，纠正错觉，都需要娴熟地运用透视作图方法。作为一个设计师，必须系统地掌握各种透视的作图方法（透视制图的详细理论和作图方法可查阅第二章相关章节）。

二、效果图表现的绘画基础

环境设计效果图表现的过程，是在一定的社会环境与经济条件下进行的一种创作活动，这也是一个限定条件。因此，我们在创作中不能采用"纯艺术"的绘画创作方式，然而，"艺术地再现真实"却又意味着效果图创作仍然离不开绘画的基础。

手绘的表现方式对设计者的绘画基本功要求比较高，既要在设计上有其独到之处，也要从艺术欣赏的角度给人以美的感受，这就要求设计者具备较强的素描与色彩的表现能力。作为展示或用于工程投标的环境设计

图1-58

图1-59

图1-58 摩天大楼三点透视表现技法
图1-59 上海住宅小区中的三点透视效果图画法，张美凤作

图1-60

效果图，既要完整、精确、艺术地表达出设计的各个方面，同时又必须具有相当强的艺术感染力。一幅完整的效果图在很大程度上依赖于形象的塑造、色彩的表现和气氛的渲染。

1. 素描与结构、层次

室内外的效果图表现中，画面上的明暗关系、结构比例、线条粗细等原理的运用都依仗素描的功底。在环境效果图表达对象的过程中，要想以适当的构图充分展现主体构筑物的特征，有效地运用诸如点、线、面、黑、白、灰等造型艺术的各种视觉语言，把握画面的节奏与韵律，塑造与表达各种细节等，都离不开一定的素描能力（图1-60）。要将设计中各种物体的体量、立体感、空间感、各种表面材料的质感、构筑物本身的形象、周围环境的气氛等诸方面的因素和谐地归纳在一个画面之中，素描基础实在是必不可少的。应该重视结构素描的练习，重点解决造型、结构和空间问题，理性地表现设计对象。

此外，在效果图中需要把握明暗层次的大关系。如室内空间，都由顶面、墙面和地面三大部分构成，在画面中必须有目的地从明暗程度上加以区别。但是，效果图的明暗层次不同于写生画，绘画中明暗层次的色阶为"1、2、3、4、5"，中间层次环境色越多则越丰富，效果越佳。效果图对素描关系和层次的要求是精炼、单纯，塑造明确、强烈的形象效果。因此，在表现中设计师常常采用"1、3、5"这三个层次，产生相当概括、明快的效果（图1-61～图1-63）。

2. 色彩与光色、基调

在环境效果图的绘制中，色彩的设计尤其重要。设计师首先需要具有良好的色彩感觉和色彩学素养，具备对色彩主色调、冷暖色、明色与暗色、同色系与补色系等各个方向的调控能力，在这个基础上进一步研究色

图1-61

图1-62

图1-63

图1-61 运用线染表现出三个层次的古城堡素描效果图

图1-62 运用影染表现出三个层次的古城堡素描效果图

图1-63 在有色纸上用线染表现的素描效果图

彩在心理反应方面的普遍规律，同时密切关注色彩的流行趋向，有目的、有计划地选择用色，以达到吸引观众、强化环境渲染效果的目的。

环境效果图色彩设计包括两方面的内容：一是环境空间的色彩气氛，二是物体与材质的色彩处理。在表达建筑形象与环境空间的效果图中需要准确地表达出色彩在一定空间形态下的效果。如果仅仅表现出建筑本身的"固有色"是不够的，还需形象地表现出其在特定空间环境中的色彩以及光影效果和环境气氛，这就要学习写生色彩学中有关"光源色""环境色""固有色"的理论与调配方法，运用色彩构成学中的色彩对比调和的原理，并加以融会贯通。

色彩设计中要贯彻高度概括、惜色如金和理性配置的原则，使配色组合更加合理、巧妙、恰到好处，以形成能够体现环境主题的色调。从表现主题的个性特征出发，把握色彩变化的时尚表征。如：亮色调适合表现大堂等较为开阔的公共空间；深色调适合表现舞厅、酒吧等光线较暗的娱乐空间；中性色调适合表现居室、客房等较为温和的居住空间；冷色调适合表现办公空间；暖色调适合表现餐厅、商场等气氛较为热烈的公共空间，（图1-64～图1-69）。要研究人们对色彩求新求异的心理规律，打破各种常规的束缚，大胆地探索与创新，以设计出新颖独特的效果图色彩品位，赋予色彩以新的内涵。

图1-64 以冷色调为主的水彩表现
图1-65 以暖色调为主的水彩效果图

图1-64

图1-65

图1-66 以中性色调渲染的水彩表现

图1-67 以明亮色为主调的水彩渲染效果图

图1-68

图1-69

> 图1-68 以大色块强调明度对比的水粉表现
> 图1-69 以灰色为主的和谐色调的表现

3．艺术与技术修养

　　环境效果图表现技法的目的限定了它的表现形式和表现方法。尽管我们必须遵循很高的美学标准，要求它具有一定的欣赏价值，然而这都是建立在环境设计的技术基础之上的。特定建筑空间的设计受到功能、材料和构造形式的制约。因此，建筑的美学标准是一方面受到技术制约，另一方面又随着建筑技术和其他技术的发展而不断变化的标准。而这种建筑美感的表达方式也随着各种技术的发展而不断丰富。作为一个环境设计效果图的作者，及时了解相关技术的变化，跟踪新技术成果，是效果图表现手法赢得市场的重要保证。

此外，作为一个合格的设计师，也离不开一定的艺术修养。对于环境设计的各个领域中有关事物发展历史和趋势的了解和认识，不仅有助于提高自身的设计水平，也有助于运用最新的表现手段来表现设计。对其他设计领域中各种知识的了解，是使设计师永远保持职业敏锐性和适应性的关键。随着各类表现技法的不断更新，新的材料和工具的不断涌现，优秀的设计师和建筑表现图画家应该有很强的适应能力，不断尝试新的手段和材料，使自己的作品始终保持新鲜感和时代感。

4. 效果图技法的临习

挑选一些印刷精良、光感强烈的彩色作品图片或精致的白描作品图片，或整体或局部进行临摹练习，有利于充分理解空间形象、明暗、光影及黑白层次、结构、线条等不同的关系。

（1）线描效果图的临摹

徒手线描效果图的临摹与绘制接近于绘画意义上的速写，两者在画面效果处理的要求上是一致的，但又有区别。速写的过程是快速记录自己所见到的或感受到的最为生动的形象的过程，因而比较感性；线描表现图则比较理性，对概括和抽象思维能力的要求更高，它更注重于准确交代空间形体特征，包括比例、尺度、结构等（图1-70～图1-76）。

机械线描表现图较徒手线描表现图要求更为严格，准确度要求更高。它既可以独立地作为一幅建筑表现作品，也可以进行深入渲染，还可以作为水彩和水粉表现图的底稿。

对于初学者来说，对临摹范本作品本身的分析和研究也是学习的重要环节。尤其对具有相当艺术造诣的大师的作品，细心地揣摩每一处线条的处理，耐心地分析每一幅画面的构成，往往是学习训练的捷径。

线描类表现图的临摹，对于有一定绘画基础的初学者来说比较简单，步骤要求也不严格。初学者将描图纸固定在临摹作品的范本上，便可以从任何一个感兴趣的形体下笔，逐步扩展深入，直至完成。在这个过程中，要求初学者体会线条的轻重、缓急，用线条对建筑形体之间的来龙去脉做出准确表达，同时能正确运用透视原理来处理画面中不明确的形体。

（2）复制资料图片练习

线描表现图技法训练的图片拷贝练习是上述临摹练习的深入，步骤基本上与临摹练习相同，只是被拷贝的对象通常是选用一些现成的建筑作品的图片（包括摄影）作为范本。在拷贝过程中要求作者对作品作更多的思考、提炼和概括。本课程要求选用古典建筑或现代建筑中线条特征较明

图1-70

图1-71

图1-72

图1-70 速写性线描园林效果图

图1-71 国外大师作品,线描快速表现

图1-72 精细植物形态的线描表现

图1-73

图1-73 港台设计师的线描表现作品

图1-74 铅笔线条表现的风景

图1-74

图1-75

图1-76

图1-75 室内设计线描效果图快速表现
图1-76 室内设计线描效果图精细表现

显、建筑形象优美的作品，同时也要求选用的图片构图恰当、明暗分明，以便于辨别图像的轮廓。

这一阶段练习的重点，是用比较概括的线条来描绘和表达建筑主体、建筑的主要构造与细节以及建筑与环境之间的相互关系等。在作画的过程中，尤其要注意的是用线条表达建筑主体的实质性的构造，而切忌被图片、照片表面的光影、明暗效果牵制。在线条的运用上要注意疏密对比关系和线条本身的"抑、扬、顿、挫"，以丰富线条的表现力。在表现构造节点等关键部位时尤其要表达清楚前后、转折和穿插关系。在遇到不易表现的立体和空间效果时，也可以辅以点和面等表现手法，丰富画面层次。

图片拷贝练习在初始阶段往往会出现许多问题，如描绘不够准确、线条不够精练、形体交代过于繁复、画面的疏密处理不当等。这些都是在学习过程中常见的现象，初学者不必为追求画面效果而从头开始，"另起炉灶"。应该针对所出现的问题，在第二次、第三次以致多次重复拷贝的过程中，逐步修正。这样的学习方法比一次拷贝出现问题后就转而拷贝另一幅图片更有效。

作品中先拷贝出线描稿，然后经过复印处理，得到自己所需尺寸的轮廓稿，或用描图纸对轮廓稿进行再次拷贝，目的在于使画面的空间关系更完整，细节更完善。在此基础上再将轮廓稿用拷贝的方法拓印在正稿纸上。拷贝方法一般是将拷贝纸（描图纸）背面用软性铅笔均匀涂黑（轻重程度根据画面调性和采用笔类而定，一般不宜过深），然后用布或软纸将多余的铅笔炭黑擦去，再将拷贝纸固定在正稿纸上，用圆珠笔或硬性的铅笔将拷贝纸上的轮廓稿拓印在正稿纸上。在拓印过程中，要求轮廓稿不能有任何移位。这样我们就得到了所需的轮廓正稿。另一种方法是直接在正稿纸上画出轮廓稿。该方法对技术要求较高，初学者经过多次训练，有一定把握后，也可尝试使用。

第四节 绘制工具材料及其性能

一、硬笔工具及其线条表现

硬笔，包括钢笔（美工笔）、绘图笔（针管笔）、铅笔、特种铅笔、炭笔、签字笔、塑料彩色水笔、彩色铅笔等（图1-77A～图1-77D）。无论是钢笔还是针管笔，都具有笔画流畅，效果清丽、细腻等特性。通过用笔并组织线条构成疏密层次和明暗色调的方法来表现环境设计，其纤细的线条和硬性的质感与严谨的建筑达到一种完美的结合，更宜于着色敷彩、制版印刷或晒图复印。

钢笔 它的特点是运笔流利，力度的轻重、速度的徐疾、方向的逆顺等都在线条上反映出来，笔触变化较为灵活，甚至可以用侧锋画出更清晰的线条。不同类型和品牌的钢笔笔尖的粗细并不一样，在选购时要注意。有一种"美工笔"，实际上是将钢笔的笔尖外折弯而成，扩大了笔尖与纸的接触面，可画出更粗壮的线条，笔触的变化也更为丰富。

签字笔 具有笔尖圆滑而坚硬的特性，没有弹性。画出的线条流畅细匀，没有粗细轻重等方面的变化。画面的装饰味很浓，而且线条没有粗细变化，画面景物的空间感主要依靠线条的疏密组织关系和线条的透视方向来表现。

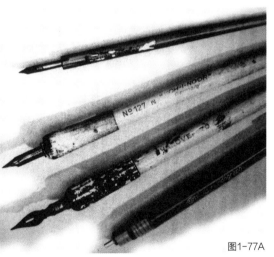

图1-77A

图1-77B

图1-77C

图1-77D

图1-77A	钢笔类硬笔工具
图1-77B	签字笔类硬笔工具
图1-77C	针管笔工具
图1-77D	硬笔线条的组合、排列等表现

图1-78

图1-78 油性、水性和酒精马克笔工具

针管笔　根据笔尖的大小可分为0.1~1.0号等多种规格，号数越小，针尖越细。针管笔多用于工程制图，故又称之为"描图笔"。用作效果图时，只能将笔管垂直于纸面行笔，没有笔触变化，同一号数的笔画出的线条无粗细变化，可把多种型号的笔结合使用。针管笔绘制的画面有一种工艺细腻、杂而不乱的意象。

硬笔对纸张的适用范围较广，几乎所有的纸张都能使用，质地比较粗糙耐磨的有水彩纸、布纹纸、牛皮纸等；其次是素描纸、制图纸；最为光滑的要数铜版纸、卡纸和硫酸纸。质地越光滑，适用的笔类越少。铜版纸仅适用于钢笔和针管笔。因此，我们可以根据需要描绘的空间特性以及材料肌理质感来选择合适的纸张。硬笔线描渲染技法虽然所用工具比较单一，表现力却非常丰富；同时又因为这种技法比较传统、严谨、富于较浓厚的学术气息，因而受到国内外建筑师和室内设计师们的青睐。

二、马克笔工具材料

马克笔一般分油性、酒精性和水性（图1-78）。前者的颜料可用甲苯稀释，有较强的渗透力，尤其适合在描图纸（硫酸纸）上作图；后者的颜料可溶于水，通常用于在质地较紧密的卡纸或铜版纸上作画。在环境设计效果图的绘制中，油性马克笔的使用更为普遍，我们在下面也着重介绍油性马克笔的技法。

马克笔的色彩种类较多，多达上百种，且色彩的分布按照使用的频度分成几个系列，其中有常用的不同色阶的灰色系列，使用非常方便。它的笔尖一般有粗细多种，还可以利用笔尖的不同角度，画出粗细不同效果的线条。

三、彩色铅笔工具材料

彩色铅笔分24色、36色、48色的普通型和6色特种型，属炭粉状颜料，不透明，不含水，覆盖力强，可以绘制非常精致、细腻的形象，并能相互混合使用。所用的纸张一般选择白卡纸或灰面白板纸。彩色铅笔有油性和水性之分，水性彩色铅笔可溶于水，在画面上以水渲染，能够表现出水彩画的效果（图1-79A和图1-79B）。

四、色粉笔工具材料

色粉笔分24色、48色或更多色，属干性颜料，有一定的附着力。纸张宜选用白卡纸、灰面白板纸。辅助工具有棉团、擦笔或油画笔等（图1-80A和图1-80B）。

图1-79A　彩色铅笔类工具

图1-79B　彩色铅笔室内设计表现技法，俞雪艳作

图1-80A　色粉笔工具

图1-80B　采用色粉笔绘制的效果图，吕炯作

图1-79B

图1-79A

图1-80A

图1-80B

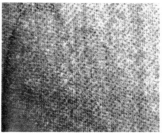
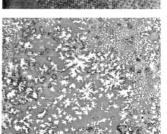
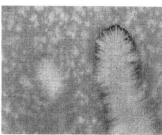
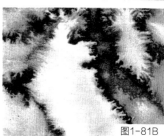

图1-81A

图1-81B

五、水彩工具材料

水彩渲染是用水调和透明的专用颜料绘制在特定纸上的表现技法。利用颜料的透明性能，作画时一般不使用不透明的白色粉，因而绘制过程具有严格的程序与相应的技法。

水彩渲染对工具和材料的要求较高。水彩颜料是渲染技法中最重要的材料之一，不管哪个品种的颜料，都是以水作调和剂，这是水彩画的根本特性，初学者在前期阶段的练习中也可选用松烟墨或浓茶叶水。水彩笔在形状上有扁形、圆形、线笔之分，作画过程中，各种形状的画笔会画出不同的效果与情趣，写意风格应选择吸水性强、柔软而富弹性的羊毫笔，写实风格应选择像狼毫之类比较挺实的画笔。纸张一般选用国产或进口的机制水彩纸，质地较紧的手工纸亦可。另需备多格调色盘两个或单个小碟9~15个。调色的格子等级多些，以后的渲染就更方便些（图1-81A和图1-81B）。

通常提及的水彩渲染表现图是指水彩建筑画（包括室内），而水彩渲染练习也是一种传统的表现手法练习，是一种难度较大的基本功练习，即靠"渲""染"等手法形成的"褪晕"效果来表现建筑形体和环境空间。

六、水粉工具材料

现代的水粉画颜料是由植物、矿物及动物体上提取的色素加以研制，即由颜料、胶液、甘油、蜂蜜、小麦淀粉、氯化钙、陶土等调制而成的，具有一定的覆盖性和附着力，作画时保持颜料的软膏状态，以便于调配与操作。

水粉的画笔工具如底纹笔，用以铺刷底色或大面积色块（1~4寸）；化妆笔，用于着色描绘，塑造形体（0~12号），如选用进口尼龙水彩扁笔或狼毫油画扁笔代替化妆笔则效果更好；描笔，用于刻画细部和勾勒线条，一般备两支。水粉画的纸张有：水彩纸，在水粉表现中经常选用细纹水彩纸或用水彩纸的背面；卡纸，纸质紧，纸面光滑，耐洗，易覆盖，也是水粉效果图的常用纸张；其他纸，如布纹纸、皮纹纸、羊皮纸等有色硬质纸

图1-82A

图1-82B

张，可根据画面需要选择合适的颜色。水粉颜料：目前国产或进口的水粉颜料基本都能使用（图1-82A和图1-82B）。

七、喷绘工具材料

喷绘包括喷与绘两个方面。按照效果图作画的步骤，可以先绘后喷或先喷后绘结合进行。喷绘技法既是传统技法，也是现代设计中经常采用的色彩表现技法（图1-83A和图1-83B）。喷绘的表现技法在于细腻的层次过渡和微妙的色彩变化，关键是利用模板技术。在利用喷绘表现环境艺术设计效果时，最常见的是表现光的效果，表现在光的作用下，空间和材质对光的反映。由于计算机喷绘技术的崛起，喷绘表现技法当今应用逐渐减少。

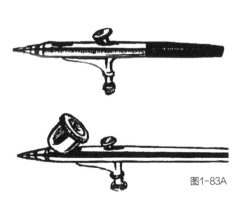

图1-83A

图1-83B

配合各类效果图技法，其他工具有：界尺，也称戒尺、槽尺，作划线导轨，用界尺引导上色，能使形体边缘线条利索而富有弹性；电吹风，可使颜色快干，提高工作效率；调色盘，搪瓷盘是一种代替调色盘的较好的用具，一般准备2~3个，就能保证足够的调色面积；辅助工具有曲线尺、水性彩色笔、圆规、美工刀、三角尺等（表1-1，图1-84）。

表1-1　效果图表现技法运用的相关工具与材料

采用技法	笔	纸	颜料	辅助工具
水彩表现技法	白云笔、衣纹笔、叶筋笔、水彩笔	水彩纸	水彩颜料	三角尺、直尺、丁字尺、曲线板、界尺、模板、调色盒、剪刀、美工刀、橡皮擦、双面胶、糨糊、电吹风等
水粉表现技法	白云笔、衣纹笔、棕刷、水粉笔	水粉纸、水彩纸、白卡纸	水粉颜料	
透明水色技法	叶筋笔、白云笔、羊毛笔、尼龙笔	绘图纸、水彩纸、白卡纸、复印纸	透明水色	
彩色铅笔技法	针管笔、羊毛板刷	绘图纸、水彩纸、白卡纸、复印纸	油性彩色铅笔、水性彩色铅笔	
马克笔技法	针管笔、塑料彩色笔	水彩纸、白卡纸、复印纸、硫磺纸	水性马克笔、油性马克笔、酒精马克笔	
综合表现技法	可综合运用以上笔	各种纸张	水性颜料	

图1-84 配合各类效果图技法的工具

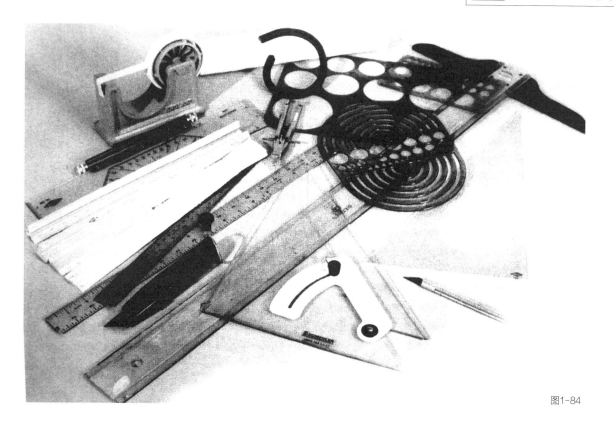

图1-84

第二章
环境设计效果图表现技法
的基础

图2-1

图2-2

环境艺术设计效果图可以通过多种方式来表现，其中手绘效果图是设计师艺术素养和绘画基础综合能力的体现，能直观地向客户传达设计意图和情感，而且，随着时代的发展变革，手绘表现技法已成为检验建筑师和设计师的重要方面，手绘能力也成为必备能力之一。环境设计表现需要设计师具备手绘的能力，一张好的效果图应是设计和艺术的综合创造表现。手绘技法的表现并非想到就能画出，寥寥几笔就能展现思维轨迹，只有通过长期的多方面的基础训练，才能将臆想中的三维空间在二维空间中表现出来。设计效果图无论是室内设计还是建筑环境都离不开透视，借助于透视制造出空间上的视觉真实，使空间界面具备一定规范的比例和尺度，才能再现设计构想，形成强有力的语言说服力。效果图离不开光影、材质等方面的塑造，对物体结构的解析，构图和色彩的布局有精心设计和安排，能够充分地为设计方案提供最佳的视觉效果。因此，透视法则、素描基础、色彩理论是环境效果图表现必须具备的重要基础（图2-1和图2-2）。

图2-1 马克笔快速表现技法，寥寥几笔体现出形体及空间关系

图2-2 马克笔与彩铅室内效果图中透视、素描、色彩基础的综合体现

第一节 效果图的透视表现

环境设计中效果图的表现正是运用透视原理在二维的平面来表现三维空间的效果。掌握科学的透视法则，对于环境艺术设计来说至关重要。

一、效果图透视的基本规律

透视，即透而视之，当我们透过玻璃看外面，玻璃平面上会呈现出具有透视感的景象。假设人的视点不变，即眼睛在不移动位置的条件下，用笔在玻璃上将景象重叠描绘出来，就是一幅透视画面。西方的写实绘画离不开透视。

无论是从哪个角度观察，透视都存在以下规律。

近大远小。这是众所周知的透视规律，在表现运用中也最为频繁和重要。相同大小的两个立方体，前面的比后面的大，相同长度的两条平行线段AB和A′B′，如果线段AB在前，那么按照正确的透视法绘制时，线段AB是长于线段A′B′的（图2-3）。

近清晰远模糊。由于空气中的尘埃和水汽等物质会影响物体的明暗和色彩效果，降低清晰度，使景物产生模糊之感。根据这种现象，对近处的物体应加以清晰的光影质感的表现，对远处的物体则减少明暗色彩的对比和细节的刻画。在效果图的表现中通过这种处理可达到增强空间透视的效果（图2-4）。

垂直大倾斜小。环境中最常见的就是路面，房屋建筑树木等都显得高大，马路的距离很长远但在描绘时呈角度倾斜显得短。床的表现中，床的长度实际大于宽度，由于透视显得短小，应遵循透视原理来表现，而不应按照实际中的尺寸。这是在室内设计家具的透视中经常见到的问题（图2-5和图2-6）。

图2-3 环境效果图中树木、车体、路面的近大远小透视变化

图2-4 环境效果图中的景物近清晰远模糊的表现

图2-3

图2-4

图2-5 床的长宽，因透视产生明显差异
图2-6 视觉上形成的垂直大倾斜小的透视原理

图2-5

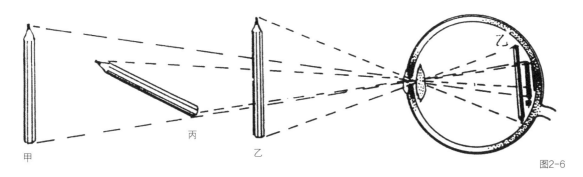

甲   丙   乙   图2-6

二、环境透视的基本画法

透视有着严密的法则，不仅仅是靠眼睛的观察，更有着科学的测量方法，依据这种严格的透视方法，能制造出视觉上的错觉，达到逼真的效果。造型在画面上的位置、大小、比例、方向的表现是建立在透视规律基础上的，应利用透视规律处理好各种形象，使画面的形体结构准确、真实、严谨、稳定。要学习透视的基本画法，首先必须了解关于透视的一些基本术语（图2-7）：

画面PP（PICTURE PLANE）：在视点的前方且垂直于地面的一个假想的平面。

视点EP（EYE POINT）：眼睛的位置。

视心CV（CENTER VISION）：视点正垂直于画面的一点。

视中线CVR（CENTRAL VISUAL RAY）：视点到视心的连接线及延长线。

视平线HL（HORIZON LINE）：与绘图者眼睛同高的一条线。

灭点VP（VANISHING POINT）：任意一组水平线会消失到视平线上的一点。

基线GL（GROUND LINE）物体放置的平面或画者站立的平面。

测点MP（MEASURING POINT）：绘制透视图的辅助测量点。

测线ML（MEASURING LINE）：绘制透视图的辅助测量线。

根据观察者角度的不同，在表现上将透视分为三类。

图2-7 地面、画面、物体等之间的透视关系

图2-8 一点透视中的平行线逐渐向远处消失到视平线的心点上

1. 平行透视

平行透视是指当物体的一组平行线平行于画面，另一组线垂直于画面并聚集消失到一个灭点上，也称一点透视。在一点透视中，消失到点上的线也称透视线，与画面平行的一组垂直线或平行线始终不相交，但由于透视作用会在距离上和尺度上逐渐变小（图2-8）。

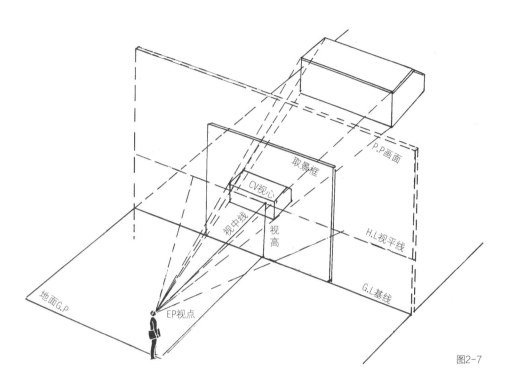

图2-7

图2-8

一点透视图第一种画法　以长为5宽为3进深为4的比例，画室内透视图。

主要是采用由内墙往外墙画的方式，这种画法显得较自由和活泼。先画出主墙面，再向外画出四条墙角线，在画的过程应注意易出现的错误，墙角线应由灭点VP向A、B、C、D四点引直线，而不是习惯性地由A、B、C、D四点画向画面外框的四个角。最后在透视图基础上完成室内的设计效果图（图2-9～图2-13）。

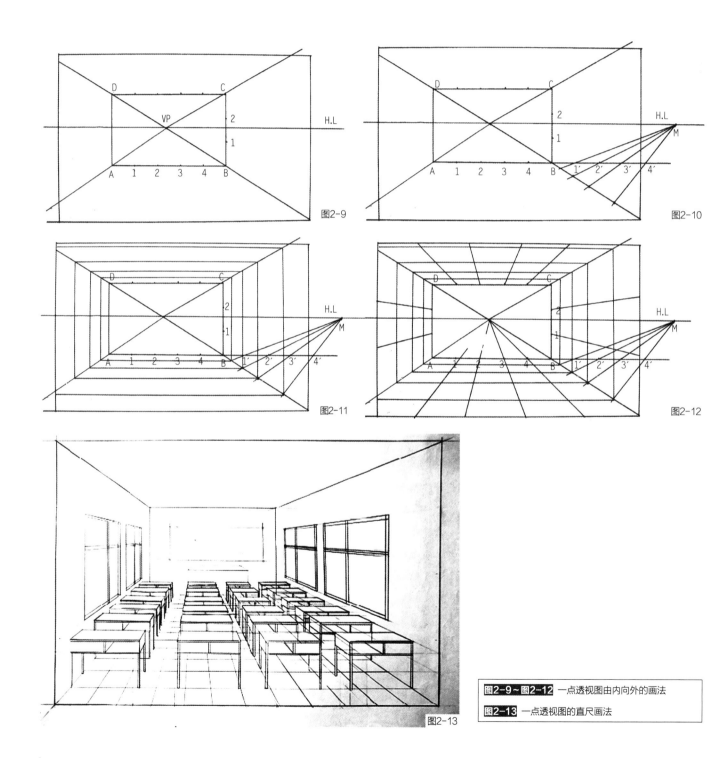

图2-9

图2-10

图2-11

图2-12

图2-13

<table>
<tr><td>图2-9～图2-12</td><td>一点透视图由内向外的画法</td></tr>
<tr><td>图2-13</td><td>一点透视图的直尺画法</td></tr>
</table>

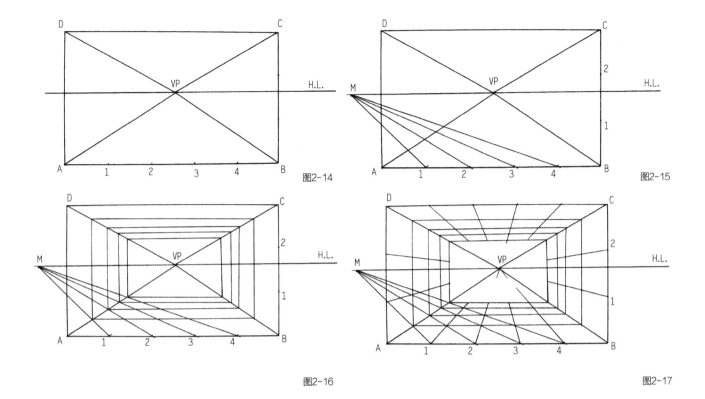

图2-14

图2-15

图2-16

图2-17

图2-14~图2-17 一点透视由外向内的画法

① 确定平面ABCD，按照实际比例确定出平面ABCD，AB分为5等分，BC分为3等分；确定视平线，视平线按人的视高即眼睛高度1.5~1.7m来定；在视平线上任意定消失点VP，由VP点向ABCD各点连接作出墙角线；

② 确定进深，在视平线上任意定出测点M点，作AB的延长线，并以同样的尺寸四等分得出1′、2′、3′、4′各点；由M点向1′、2′、3′、4′各等分点连线，与B点至VP作的墙角线的延长线交于四点，即为室内地面进深点，进深为4；

③ 过地面进深点作AB的平行线相交于墙角线，每一间距均为1，作BC、CD、DA的平行线相交于各墙角线；

④ 确定空间尺度辅助线，由ABCD上定出的实际比例的各点向灭点引出灭线，得出透视的空间尺度。

一点透视图第二种画法 以长为5宽为3进深为4的比例，画室内透视图。

与第一种画法的原理相同，区别在于由外墙向内墙作图，由于限定好了外框，这种方式作图显得较为严谨（图2-14~图2-18）。

① 确定外墙平面ABCD，将AB线段5等分，得出1、2、3、4四点；确定出视平线；视平线按人的视高即眼睛高度1.5~1.7m来定；

② 确定进深，在视平线上任意定出测点M点，由M点向各等分点引直线相交于A点至VP作的墙角线，各点即为室内进深点，进深为4；

③ 由室内进深点作与AB、CD平行的线相交于墙角线，作与BC、AD平行的线相交于墙角线；

④ 由定出的实际比例的各点向灭点引出灭线，得出透视的空间尺度。

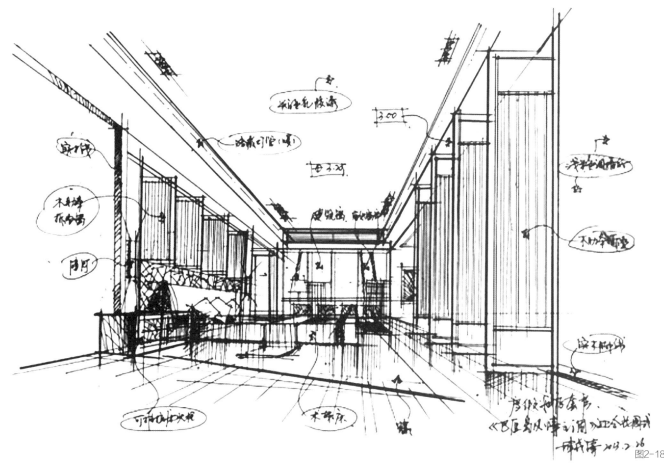

图2-18

图2-19

2. 成角透视

　　成角透视是指物体有一组线垂直于地面，而其他两组线均与画面成一定角度并且每一组都有一个消失点，即视平线的左右两个灭点，也称二点透视（图2-19）。

图2-18 一点透视图的直尺画法

图2-19 建筑物产生的近大远小的透视变化，直至消失到左右两个灭点的成角透视图

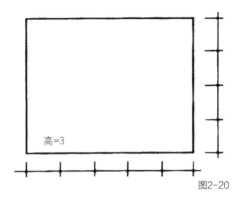

图2-20

高=3

二点透视图第一种画法（也称成角透视画法）

此种画法为两点透视，即消失的两个点在画面的左右两个方向，两点相隔距离较远，距离太近会产生强烈的变形，因此在初学表现过程中应留以足够的空间来表现。

要求画出房间高3米，进深4米，宽5米的室内透视空间（参考裴氏作图法）（图2-20～图2-26）：

（1）按比例定出室内墙高3米，地面基线，左墙尺寸4米和右墙尺寸5米的参照点；

（2）视平线上定进深测点M_1，M_2，由房间米数作垂直线交与视平线；再由M点双倍远的距离作左右两个消失点VP_1，VP_2；再由点VP_1，VP_2作出四条墙角线；

（3）由进深测点M_1，M_2与水平基线各点连线，延长交与左右两个墙角线，分别得出房间4米和5米的每个进深点；

（4）由点VP_1，VP_2向进深点作出地面的透视线。

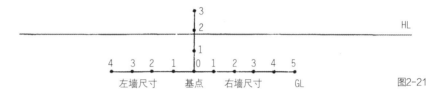

图2-21

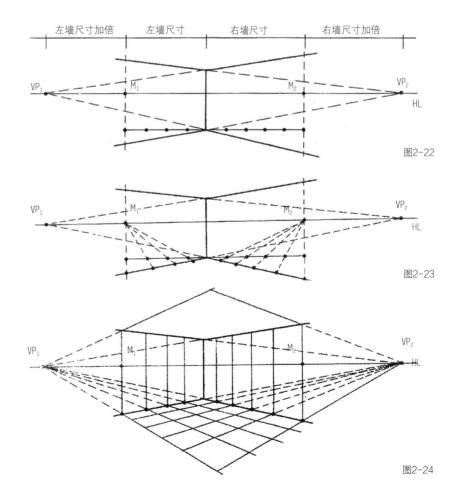

图2-22

图2-23

图2-24

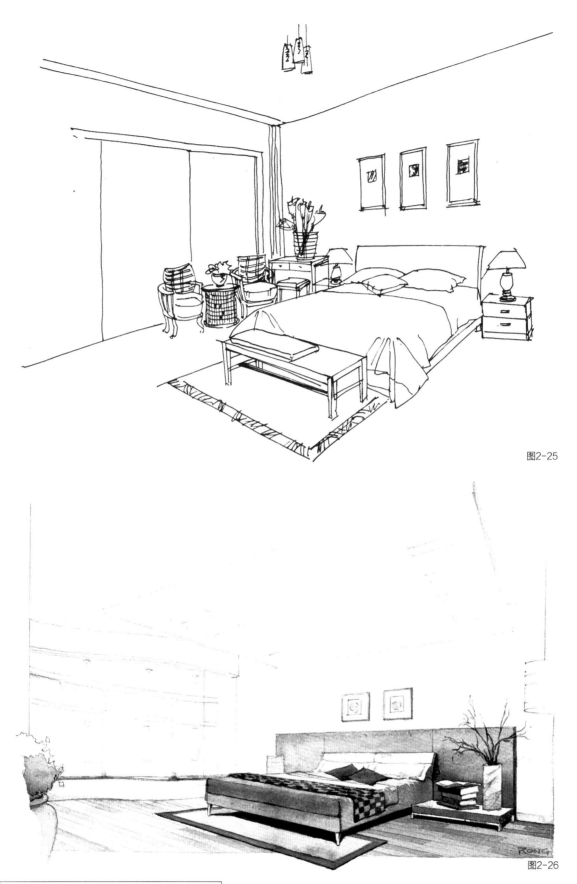

图2-25

图2-26

图2-25 钢笔线描徒手表现中的成角透视

图2-26 马克笔室内效果图表现中的成角透视

二点透视图第二种画法（也称一点斜透视画法）

此种画法虽说是两点透视，其实是在一点透视的基础上稍作调整，二点中有一个点在画面内，另一个点在画面外。

与前一种二点透视相比，能表现出比成角透视更广阔的室内空间范围，能表现出天花、地面、三个立面墙；与一点透视工整的特点相比，则显得活泼轻松一些，也更为自然，在室内设计的透视图中也应用相当广泛。

采用由外墙向内墙作图的方式，以实际比例画室内透视图（图2-27～图2-32）。

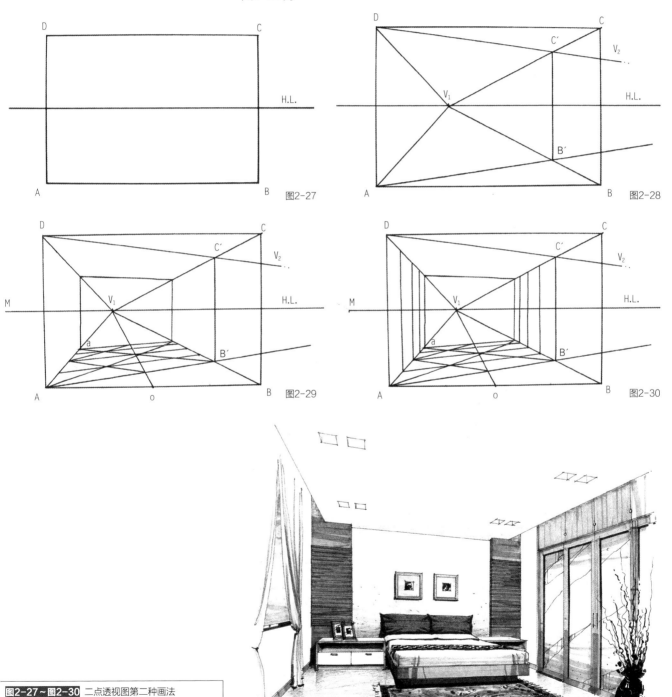

图2-27 · 图2-28 · 图2-29 · 图2-30 · 图2-31

图2-27～图2-30 二点透视图第二种画法

图2-31 室内设计卧室表现的二点透视效果

图2-32 室内设计客厅表现的二点透视效果

图2-33 立方体的一点、两点、三点透视向灭点消失的效果

图2-34 室内设计客厅俯视的三点透视效果

图2-32

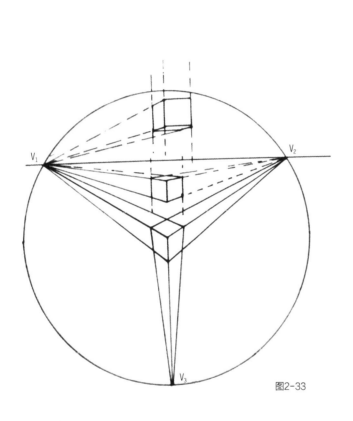

图2-33

图2-34

3. 斜角透视

当我们俯视或仰视观看物体时，物体和画面之间产生倾斜的透视称为俯视或仰视透视。物体的三组线均与画面成一定角度，画面与地面也不垂直，物体的三组边分别向三个灭点消失，因此也称三点透视（或斜角透视）。除了左右两个灭点，还有一个垂直向上或向下的灭点（图2-33和图2-34）。

三、效果图透视画法解析

1. 视平线的确定

视平线是人在观看物体时与人的眼睛等高的一条水平线。视平线由视高决定。视高，是指视点（眼睛的位置）的高度。人的眼睛观察外界景物时，由于视点高低的不同可产生平视、仰视、俯视的不同效果。平视是指视平线穿过物体，与物体整体大致同等高度；俯视是指视平线在物体上方；仰视是指视平线在物体下方。视点定得低一些会产生开阔之感。表现天花板和吊顶的设计采用低的视点，表现地面采用较高视点（图2-35和图2-36）。

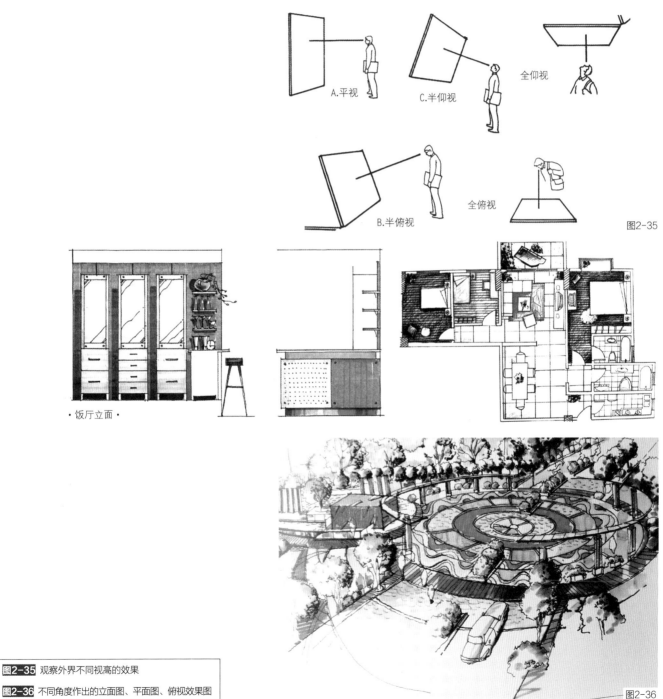

·饭厅立面·

图2-35

图2-36

图2-35 观察外界不同视高的效果

图2-36 不同角度作出的立面图、平面图、俯视效果图

心点是指眼睛的位置垂直于画面的一点。心点在视平线上，当视高确定，心点也就可随之确定。人可以随意走动，以任意角度来观察物体，因此画者的心点可以任意来定。在效果图的表现中应根据画面所需表达的主体来选择适合的站点、心点和画面表现。心点可以偏左或偏右，一般情况下，心点在画面中间的三分之一部分以内，如果太偏，物体会产生强烈的变形（图2-37～图2-39）。

图2-37 心点在画面中的上、下、左、右不同位置的表现

图2-38 心点在画面偏左位置的效果图表现

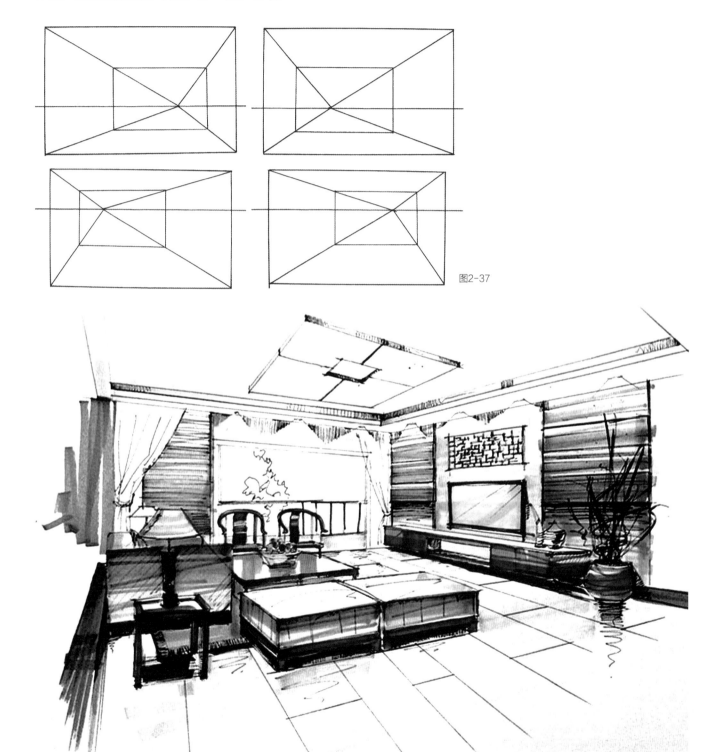

图2-37

图2-38

装饰挂画.

古典新中式大床.

艺术鸟笼灯具.

柚木屏风.

青花瓷光瓶.画卷.

肖黎敏

图2-39

图2-39 心点在画面偏右位置的效果图表现

　　心点偏左的画面，由于视点在画面的左部，因此利于表现右部范围，如图2-38中的室内客厅的表现，右边的电视背景墙成为画面的重点刻画表现，整体感觉画面生动；灭点在中间的画面，给人以稳定感，如图2-39中室内卧室的表现。

2. 透视角度的确定

　　人的眼睛在观察外界时并非只有一种角度，由于物体所处位置的不同，可以形成多个不同的灭点。在一点透视中，心点就是灭点；在二点透视中，物体消失到左右两个灭点。选择不同间距的灭点绘制效果图有不同的效果。透视的角度形成视角，在舒适范围内，即60°以内，形象是接近于真实的物体，否则会有失真现象。较近的透视灭点会产生强烈的视觉变形。生活中我们在看电影的时候愿意坐在靠中间的位置，而坐在偏的位置会产生视觉变形，使人感觉不舒服。又如在观看画展时画面通常调整至倾斜状态，保持和视线基本垂直的范围。为得到更舒适的视觉效果，可采用延长灭点间距的方法来绘制，通常灭点距离是物体高度的三倍（图2-40和图2-41）。

图2-40

图2-40 近距离的强透视效果

图2-41 建筑物的近距离透视效果

图2-41

3. 透视类型的选择

① 一点透视和二点透视是室内环境设计中最常用的两种方法。二点透视和三点透视在室外建筑环境中表现较多。一点透视的特点：平行透视所有的平行线都消失到心点上，给人集中、整齐的感觉，具有严肃、庄重、稳定之感，也适合表现整体的布局，但有时过于工整，给人呆板、生硬的感觉，缺少变化（图2-42）。

② 二点透视图中，所有不与画面平行的线都消失到左右两个灭点，富有活泼、变化的特点，更为自然生动，符合生活中的观察。除了适合表现场景，也适合表现局部或一角，但有时如果处理不好，会产生强烈的变形，反而觉得不真实（图2-43和图2-44）。

③ 三点透视适合表现大的场景，如室外建筑效果图中的鸟瞰图（图2-45和图2-46）。

图2-42

·客厅·

图2-43

图2-44

图2-42 一点透视室内效果图具有整体、开阔之感

图2-43 二点透视表现室内一角，使人感觉亲切、自然

图2-44 二点透视表现室内大空间，富有活泼、变化、生动的感觉

图2-45

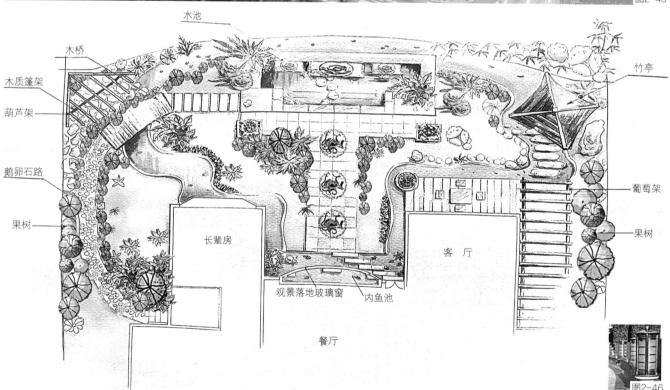

水池

木桥

木质篷架

葫芦架

鹅卵石路

果树

长辈房

观景落地玻璃窗

内鱼池

客厅

餐厅

竹亭

葡萄架

果树

图2-46

图2-45 三点透视具有视域开阔的特点，适合俯视效果图的表现

图2-46 平面具有伸展的特点，适于室外大环境效果的渲染

第二节　素描基础与效果图

效果图的目的，是让对方能认可你的设计方案并按照此方案实施执行，它更多地站在对方的角度去考虑。为了快速有效地传达设计意图，它追求艺术表达的简洁、概括，有充分的艺术感染力，较强的语言说服力，这就需要依靠绘画的技巧来完成。素描为效果图设计技法表现打下重要基础。

效果图虽属设计范畴，不同于纯绘画，却又有着绘画艺术的特点和要求。环境艺术效果图的表现，建立在合理运用造型来更好地为设计思维服务的基础上，不仅包含客观物象的描绘的理性分析和程式化、概念化的表现方式，也有主观的情感表现。造型艺术离不开基于写实基础的素描训练，传统意义上，素描训练以明暗来表现光影质感，以长期作业来表现全因素素描的训练，随着设计专业的发展，绘画素描逐渐走向设计素描，更多地用线条来表现物体的结构、空间、透视等以实用性为目的的训练。我们应针对效果图的特点要求，以结构线描表现主辅，以明暗来表现光影质感，紧密结合设计专业，同时不断提高艺术素养和设计水平，既宽泛又有针对性地学习（图2-47）。

图2-47 马克笔和彩铅结合表现的效果图，人物、建筑等都体现了素描关系的运用

图2-47

图2-48

图2-49

一、构图的运用

一张好的构图可以说是一张好的作品诞生的重要前提。构图是把多造型要素在画面上有机地结合起来，并按照设计所需要的主题，合理地安排在画面中适当的位置上，形成既对立又统一的画面，以达到视觉心理上的平衡。在中国传统绘画中称作"经营位置"，构图能带来不同的视觉冲击力和心理感受，构图美的法则多种多样，丰富且变化微妙，但都有规律可循，需要考虑到多方面因素，长期的经营推敲和艺术修养的磨炼，才能熟练驾驭。

在构图中有以下规律。

1. 构图中的程式化方式

构图中的程式化方式包括三角形、方形、圆形等构图方式。写生时往往根据物体的造型特征和画面来布局构图，如水平线的构图使人感觉平坦、开阔，正三角形构图给人稳定坚固之感，倒三角形构图则给人运动之感等（图2-48～图2-50）。

2. 构图中讲究整体的观察

在写生中，什么样的观察方法决定了你用什么样的画面去构图。构图应考虑整个环境，而不是局部。我们常提到图与底的关系，正形和负形的关系，尤其是底和负形容易被忽略，也就是主体以外的背景部分的形状。在构图中它具有和主体同等重要的作用，能衬托出主体的外轮廓，二者是相互的（图2-51和图2-52），在写生训练中，将整个环境用外轮廓形的方式表现；在效果图的表现中，天空和地面都是不能忽略的部分，画天空就等于在画建筑的外轮廓。

图2-50A

图2-50B

天空块

图2-51

3. 明度和面积的均衡分布

　　素描重视黑白灰关系的表现。一幅画面在各物体比例确定之后，其光影质感等都以明暗的方式来表现，因此面积大的物体明度高一些，面积小的物体明度低一些，以产生均衡的美感（图2-53）。在效果图的表现中，可采用线条疏密变化来体现轻重。经营位置也指空间上的分割，

面积大小和位置的分布，注重比例和尺寸。素描重视写生，首要就是培养画面的构图能力，采用直线上下左右进行定位物体相互之间的大小比例关系。尤其在户外写生中更要大胆取舍和概括，而不能像照相机一样一览无遗。画面太小会显得空，主体不突出，无分量；画面太满使人感觉拥挤、压抑，通常画面至少空出一角；构图太高或太低会给人飘浮不定或下坠的感觉。效果图的表现中，对称的构图适合表现较大的场景，可结合一点透视的方法，将整个建筑或室内都尽收眼底，在空间层次安排上，以近景、中景和远景来区分，在产生均衡的美感同时适当加以变化，以构成统一和谐的画面（图2-54）。应避免分布过于均匀的对称构图，易显得呆板。

图2-52 效果图中建筑物的外轮廓与天空背景的映衬关系

图2-53 室内黑白灰大空间的表现，面积上的均衡、变化产生的形式美

图2-54

图2-54 室内手绘效果图中的水平对称式构图的运用，对称而富有变化

二、线条表现结构空间

素描训练中，在观察表现时离不开形体结构、透视空间的运用。结构是物体得以支撑的骨架。任何物体都不外乎是由圆柱体、立方体、球体等组成，看似简单的几何形体包含了关于结构、空间、透视、线条、质感等全面的表现。素描对立方体的写生是对物体结构透视的分析表现，在充分理解的基础上再进行静物、人物的训练，以达到能准确表现物体结构空间的能力。在效果图所表现的对象中，室内陈设由不同的立方体、圆柱体等组合构成，建筑也同样可理解为是大大小小的多个长方体与椎体、圆柱体在空间上不同层次的切割组合。

光源是可以随意变化的，而结构始终不变，它不因光线的改变而改变。结构素描要求充分地理解物体的结构，摒弃光影的表现，注重用线条准确生动地表现形体结构和空间。线条的表现十分必要，每一根线不是孤立存在的，就一根线而言也有空间上的远近变化。在效果图中，钢笔线描注重用线来表现结构，在白描勾线的基础上适当辅以光影材质变化，可对物体进行不同的表现（图2-55～图2-59）。

三、明暗表现光影质感

有了光，物体在形体结构发生转折时就会产生黑白明暗的变化，增强了其体积感和空间感。结构素描虽然不以明暗为主，但其实是建立在深入的明暗调子的素描学习基础上的，综合的全因素素描的明暗表现能加强对空间线条的理解和表现。有了光，物体不同的质感也会带来不同的明暗变化。材质会因表面对光的反射和吸收的不同而产生不同的明暗表现，呈现不同的反光效果。明暗不仅仅表现光影，物体产生的投影也是相当重要的，否则我们从外轮廓则无法判断物体的结构特征。通过投影我们能清晰明确地观察到形体结构的起伏变化，产生空间距离感，正如人们能从太阳光照射的投影判断出时辰。

图2-55

图2-55 设计素描中对几何体和静物结构空间的表现性训练

图2-56A 通过对车体的理解性写生，掌握在环境效果图配景中的表现技巧

图2-56B 家具陈设结构的解析性素描训练

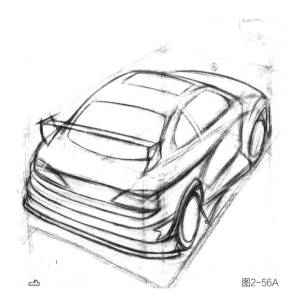

图2-56A

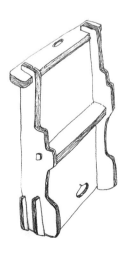

图2-56B

图2-57

图2-58

图2-59

如果说钢笔线条是骨骼，那么在某种意义上，可以说明暗是肌肉，为整体效果带来生动的变化。在表现质感的训练中，可以选择生活中常见的纸张、金属、布料等不同的材料进行练习，采用超写实的手法，追求质感的真实。同时，把握画面黑白灰关系的整体效果（图2-60～图2-65）。

四、主次表现

艺术的审美是需要培养和发现的。每个人的观察方法和表现方法可以说不尽相同，但都有一个共同的因素，那就是审美。审美是长期的积累和沉淀，有其特定的艺术规律，也可以说是一种艺术素养。虚实关系和主次关系等都会在手绘效果图表现中得以运用和体现，主体物以重的笔墨刻画暗部及投影，远处次要的景物采用浅的弱的笔墨来表现。不断加强对空间主次关系的艺术处理的能力，也是对审美素养的培养和提高（图2-66～图2-68）。

图2-57 用线条表现植物与建筑物的空间组织形态

图2-58 建筑结构线条表现中的疏密搭配

图2-59 设计草图中线条对结构的表现

图2-60

图2-61

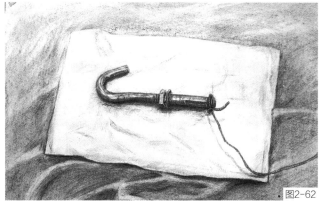

图2-62

图2-63

图2-64

图2-65

图2-66

图2-67

图2-64 光影和物体环境的空间表现

图2-65 室内局部场景的环境空间表现

图2-66 室内手绘效果图中的主次表现

图2-67 写生中主次关系的处理，黄舒立作

图2-68

图2-68 画面主次关系的安排，黄舒立作

第三节　效果图表现中的光色与材质

　　光感的表现可增强效果图的立体感和空间感；色调的组织对整个画面具有重要的影响，也起到很好的渲染作用；材质感的表现不容忽视，不同的材质表现体现档次和格调。

一、光色与环境空间塑造

　　光感在素描关系中多采用明暗的方式，在物体的结构转折处和明暗交界处表现虚实。物体在光源下一般有五个层次：一、亮面，包括高光；二、明暗交界线，即物体的结构转折处，也是最深的地方，是物体亮面和暗面交界的部分；三、灰面，是指由亮部到暗部过渡的部分；四、暗面，包括反光；五、投影，是暗部对周围环境的影响。

　　效果图的表现同写生绘画有一定的差异，快速表达创意构思中不追

图2-69

求完整丰富地塑造细微的变化，为了达到强烈的视觉效果，常采用概括的、程式化的手法来表现光影，使画面更凝练简洁，也更具语言说服力。钢笔效果图能够利用亮部和暗部表现黑白强烈的对比，黑白灰的表现同样也能塑造出生动的空间，其中投影是较重要的环节，它能更好地体现造型和空间。在室内设计效果图中，物体的空间关系、光影的处理和材质的表现丰富多样，需要细致深入的观察和刻画表现（图2-69~图2-71）。

二、效果图表现中的色调

色调的选择对整个效果图的画面氛围有着重要的影响。

明度上的基调有亮调子和暗调子。明暗调是指整幅画面的黑白层次感给人明亮的感觉或深暗的感觉，其表现注重面积的分布，根据画面需要来合理布局。首先确定统一的光源，定出画面的调子，然后按照物体的明暗和主次关系进行空间上的排序，再进行局部光影的塑造。一般情况下，在近景表现中明暗对比最弱，中景明暗对比最强，远景明暗对比较弱。有时根据画面内容来安排，近景或远景也可成为视觉主体，可在设计中用线条的组织灵活地加以处理。

图2-71

图2-72

图2-70

图2-70 建筑体的光影渲染，林澄昀作

图2-71 室内灯光与环境的处理，孙迪菲作

图2-72 以橙红色为主的暖色调表现，配以少量冷色
增强对比活跃气氛

　　色彩的基调有冷调和暖调。一般先用小色稿定出画面的冷暖基调，在
此基础上又可分为同类色调，主要是明度上的变化，给人谐调平和之感。
类似色调给人和谐又富有变化的感觉。对比色调给人活泼跳跃的感觉，具
有强烈的视觉效果。根据色彩给人带来的不同感受，所表现的不同环境可
选择不同的色调。如餐厅的色调多采用暖色调，商业空间多采用鲜艳明快
的色调，办公空间的色调采用蓝色和灰色等近似色调，居住空间采用柔和
的色调，娱乐空间采用艳丽的色调（图2-72～图2-75）。

图2-73

图2-74

图2-75

三、陈设空间与材质表现

设计效果图是传达信息的重要手段，在效果图的表现中，材质感的表现不容忽视（图2-76～图2-78）。同时，环境设计讲究空间关系和尺度关系，在设计效果图中还要注重陈设空间与尺度的把握，在三维的立体界面中注重几个不同的面，即墙面、地面和天花间的关系，家具陈设之间的关系，建筑与人物配景等之间的关系。

图2-76

图2-77

图2-78

　　金属的质感表现。金属包括不锈钢、铜、铝合金等多种材质，具有不同的反光程度和色彩倾向。不锈钢和铝合金的材质偏冷灰色，前者高光亮洁，后者反光稍弱，铜偏暖色。在效果图中表现金属质感时，直线条给人硬挺的质感，曲线给人光滑感，此外，还可通过金属对环境的反光和高光的影响来表现其质感（图2-78）。

图2-76 建筑、树木、墙面的光影质感表现

图2-77 沙发与木质器材的光感及质感表现，胡佳雯作

图2-78 不锈钢的质感表现

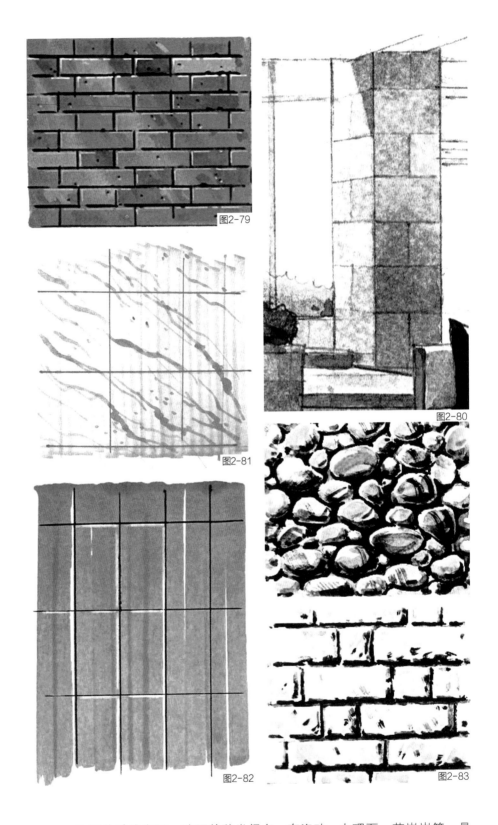

图2-79

图2-80

图2-81

图2-82

图2-83

图2-79~图2-83 用马克笔和水彩均可表现出砖石的不同质感

砖石的质感表现。砖石的种类很多，有瓷砖、大理石、花岗岩等，具有光滑和粗糙的不同质感，如大理石装饰墙面光滑明亮，可以制造出坚固华贵的质感。在其质感的表现中，应根据材料的特点画出砖石的肌理和反光，如粗糙的砖石表面可以用喷绘或点来制造颗粒的质感（图2-79~图2-83）。

图2-84

图2-85

图2-86

图2-87

图2-88

木材的质感表现。木材包括很多种，不同的木材呈现出不同的色泽，多数为红褐色或黄褐色。表现木材的色彩应结合色彩及纹理综合表现，有清漆的家具还需表现其反光。木材的画法一般是先画浅的底色，然后再渲染出木纹的变化。木板的表现可以通过交错的排列用笔表现出其拼合状效果（图2-84～图2-88）。

图2-84～图2-88 木材质感的不同表现

玻璃与镜面的质感表现。室内较暗时，玻璃可以像镜子一样反射成像，可描绘出景物的影。室内较明亮时，玻璃是透明的，一般可以直接描绘玻璃背后的物体，再勾勒边线和高光。表现质感时应注重表现玻璃的厚度，同时利用直尺表现玻璃的硬度（图2-89～图2-93）。

沙发椅、地毯及电视柜的质感表现。在室内设计表现中，客厅的沙发

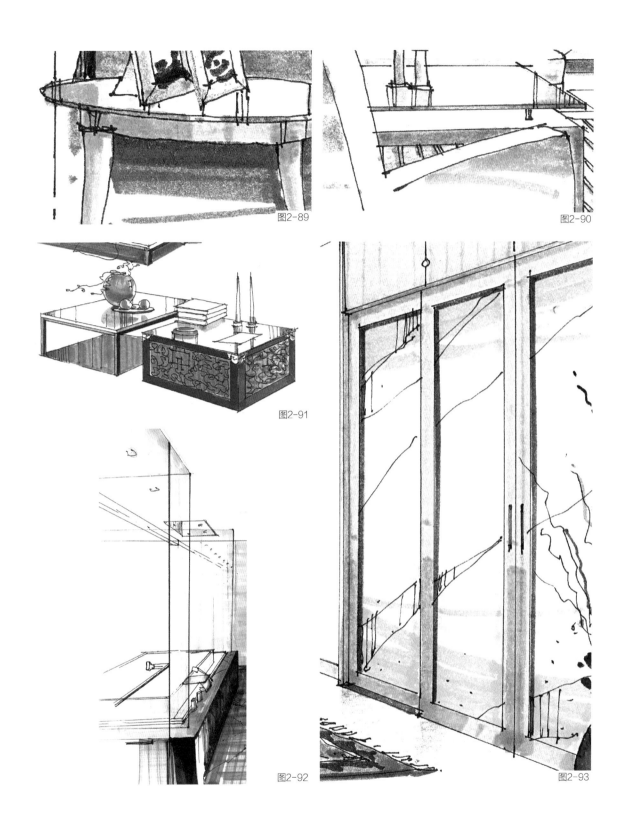

图2-89

图2-90

图2-91

图2-92

图2-93

图2-89~图2-93 玻璃质感的表现

占据重要的地位。沙发有布艺（或皮革）包的，有与木材组合的形式，对沙发上的布艺制品和沙发本身的布艺都可进行适当的描绘以表现其质感。地毯绒线厚软的感觉和明快的色彩花纹可表现出沙发的环境色。表现手法通常使用马克笔较多，且效果好。沙发的表现中还应注重沙发体面感的塑造，注重其转折和透视（图2-94~图2-101）。

图2-94

图2-95

图2-96

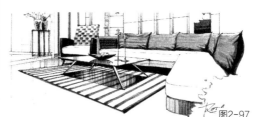

图2-97

图2-98

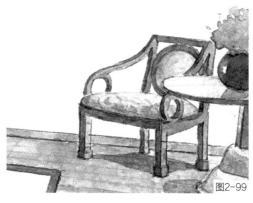

图2-99

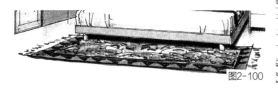

图2-100

图2-101

水及草坪的质感表现。通常水面可反映天空的颜色以及周围的建筑和环境。水中倒影的色彩不像真实物体的色彩那样鲜明，偏深一些灰一些，高光不很亮，形态也不必刻画得很细致。

在质感的表现中，服从整体感的统一表现，笔到意到即可，不必过于追求细节以免显得匠气或喧宾夺主。表现时通常使用马克笔和水彩（图2-102～图2-105）。

图2-94～图2-101 沙发、地毯、电视柜等室内器具用品质感的不同表现

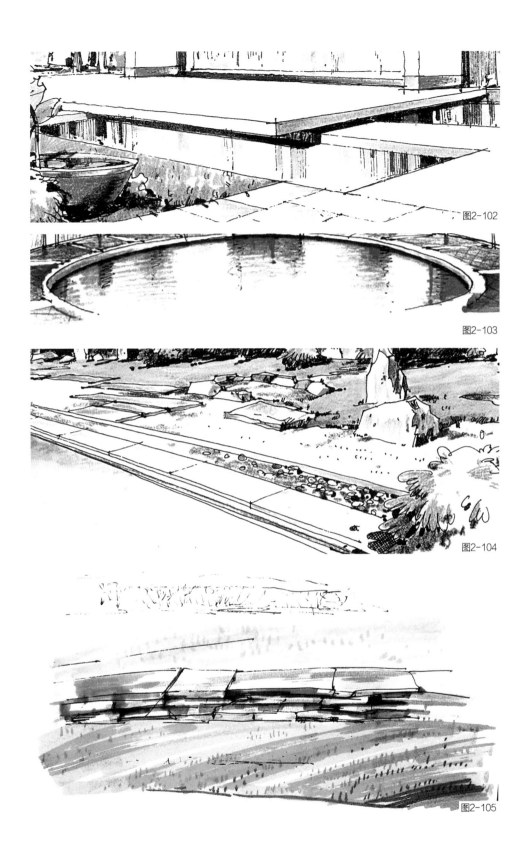

图2-102

图2-103

图2-104

图2-105

水及草坪质感的不同表现（马克笔、彩铅、水彩）

植物质感表现。植物作为效果图主体的陪衬，它能表现空间尺度，表现得到位则能更好地烘托出主体。其表现以主体来决定，可以处理得简略或复杂，可以处理为深色或浅色，也可处理成写实或抽象（图2-106~图2-108）。

图2-106

图2-107

图2-108

图2-106～图2-108 植物质感的不同表现

第三章
环境设计中的线描与硬笔
效果图

手绘效果图的独特魅力在很大程度上取决于线描的语言魅力。在效果图的表现中，硬笔能够自由地表达作者的构思创意，能用线条清晰准确地表现形体空间和光影质感等，可以说是效果图的骨架，为着色打下基础，同时也可以成为独立的艺术表现形式。

第一节　钢笔线描技法

钢笔具有简单便捷、轮廓清晰、效果强烈、笔法劲挺秀美的特点。钢笔线条和素描中的铅笔有共同之处，但又有着各自独特的表现手法。

一、钢笔线描的表现

线描作为独立的艺术表现形式，表达方式极为灵活，表现风格也变化多样，可以工整严谨，可以随意洒脱。效果图绘制离不开线描表现，绘制工具主要有绘图钢笔、美工笔、铅笔、炭笔、签字笔等，都属于硬笔描绘。

这里所谓的白描，是指以勾勒单线为主的线描表现方法。物体的轮廓线和结构转折线的勾勒给人清晰明快的感觉。钢笔线条的深浅主要靠用笔粗细来表现，在勾勒中需注重线条的粗细变化，外轮廓线和主要结构线用较重的线条，体面的转折处稍次，平面上的纹理或远处次要的景物再次之，由此产生形体结构的主次变化。同时，注重形体和体面的空间关系，并用线条的遮挡来表现。

西方的线描与中国传统线描有着本质区别。西方的钢笔可以说是在素描铅笔的基础上发展和演变来的，主要依靠线条的组织来表现光感质感等写实变化。线条平直工整，用力较为均匀。中国的线描是在毛笔的基础上发展而来的，如书法中有起笔、行笔、收笔的过程，讲究抑扬顿挫，有"力透纸背""入木三分"等不同说法。就线条本身而言有着强烈的语言说服力，且有着传统书法所沉淀的深厚的文化底蕴，能表现出质感和情感。

设计师应该根据对象的特点在环境设计中找到适合的表现手法，建立在形象生动地表达造型和构思的基础上，才能逐渐显示出其强劲的艺术感染力和艺术魅力。

二、钢笔线描的练习

线条依靠一定的组织排列，通过长短、粗细、疏密、曲直等来表现。一般来说，线描的表现有工具和徒手两种画法。借助绘图钢笔和直尺工具画出的线条较规范，可以弥补徒手绘的不工整，但有时也不免有呆板、缺乏个性之感。与借助直尺等工具绘制的线条相比，后者更洒脱和随意，能更好地表述创意的灵动和艺术情感，但处理不好也会感觉凌乱。在徒手表现中，垂直线和水平线应首要保持平直的效果，其次是流畅，应多加练习。斜线也应由

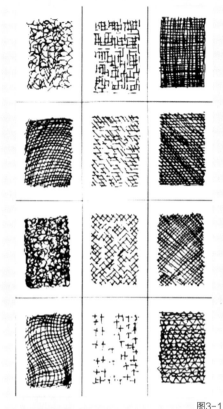

图3-1

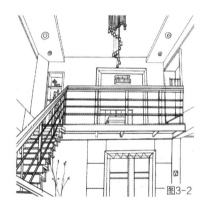

图3-2

图3-1　不同的钢笔线条的练习
图3-2　工整的直线条表现出挺秀的室内效果

短到长地练习，掌握不同角度的倾斜线的表现以准确表现透视线的变化。曲线用以表现不同弧度大小的圆弧线和圆形等，在表现时讲究流畅性和对称性。

线条的练习方法有很多种，包括写生、默写等，也可采用以下几种方式进行循序渐进的训练或交错训练。

描摹，也称为拷贝，描摹的对象可以是效果图作品，也可以是摄影图片。对初学者来说，采用该方法无疑是一种轻松容易上手的好方法，可以从描摹作品到描摹图片，由易到难的方式进行，但注重适当合理地运用，否则会使人产生依赖感和惰性。具体方法是用较透明的纸张如硫酸纸压在画面的上面，进行严谨认真的描绘。由于不用去顾及形体的比例结构和透视规律，能让初学者暂时忽略形的把握去充分感受线条，感受线条的亲和力，线条如何表现出透视空间，使之在描摹后有更强的信心和兴趣。

临摹和临绘，临摹多是照着优秀的效果图表现作品来学习的方式，应明确学习的目的是注重光影的表现还是线条的组织。在临摹中注重画面透视规律的表现，物体之间的结构关系、空间关系的表现。临绘，多指根据照片来进行描绘，能增强对画面点线面和黑白灰的概括能力。

写生和默写，写生使学生对前阶段的临摹中所学的进行检验和运用，能增强其对形体结构的理解和活用。在钢笔线描的表现中，方法是多种多样的，不同的方法不是截然分开，而是相互联系、交替使用和融会贯通的。熟能生巧，只有多画多练，才能得到好的效果。线条的训练中，默写是很重要的环节，通过默写和想象的发挥，能增强对空间结构的理解，从而进入设计的状态（图3-1~图3-9）。

图3-3 变化丰富的钢笔线条组织与表现
图3-4 钢笔徒手表现局部场景与环境之间的关系

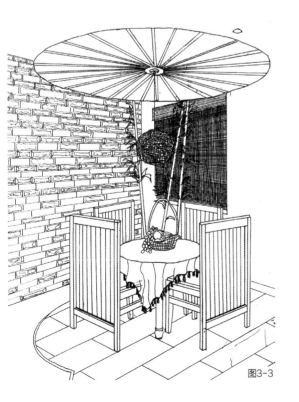

图3-3

图3-4

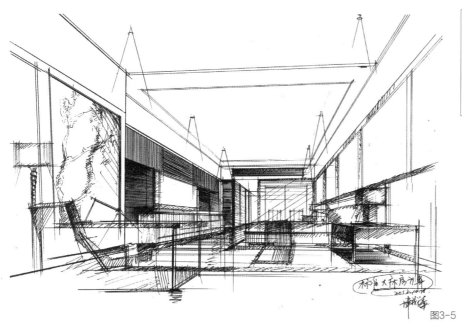

图3-5 钢笔直尺为主表现的室内手绘效果图

图3-6 国外设计师所作的人与环境的组合表现

图3-7 环境规划平面效果图的表现

图3-8 钢笔直尺和徒手相结合表现的室内手绘效
果图

图3-5

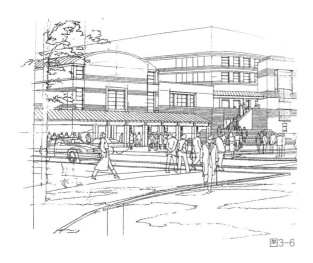

图3-6

图3-7

图3-8

三、光影质感的表现

钢笔画又称黑白画。这里指的是注重用钢笔表现物体的光影和质感的黑白绘画，是素描画的一种。

运用黑白灰表现。钢笔不同于铅笔，它不易擦去、修改，因而色泽持久且黑白分明，能制造醒目和响亮的效果。在用钢笔表现时处理好黑白灰之间的关系非常重要。黑色太多，画面会太沉闷，黑色用在明暗对比很强烈的主体上；白色太多，画面则显得轻而没有分量感，尤其在建筑的表现中，黑色能增加体量感；灰色太多画面不响亮，灰色太少又显得过于简单概括。因此应注重黑白灰度的把握和黑白灰面积的分布。黑白灰可以运用线条的粗细变化和疏密关系排列来表现。

运用点线面表现。效果图离不开质感的表现。不同的材料有不同的质感，如刚硬、柔软、粗糙、光滑等多种感觉。各种各样的材质都是通过点线面的运用来表现的。点构成线，线构成面。玻璃和不锈钢适合用挺直的线条和圆滑的曲线来表现，水纹多适合用波浪线来表现等。钢笔可用实线表现，也可用虚线表现。点经常作为独立的元素来运用，能达到特殊的效果，如表现光的退晕感或远景肌理等（图3-10~图3-12）。

四、画面重点的表现

效果图的画面主要由近景、中景、远景几部分组成，形成远近的空间纵深感。

一般来说，把中景作为画面的主要部分，再加以近景和远景来陪衬。为了让中景成为重点，应使其位置靠近画面的中心，即在视觉最佳点。

图3-10

图3-11

图3-12

图3-12 运用点线面表现雅典别墅的光影效果

在建筑效果图的表现中，主要建筑常放在透视线的消失点处，成为视觉中心，成为引人注意的焦点。加强主体的线描表现，对主体进行结构和质感的深入刻画，减弱次要物体的描绘，可以达到主次有所侧重点的表现。还可加强主体与环境的明暗对比，主体浅背景深，或反之，主体深背景浅，灵活处理主体物与环境，达到对比强烈的效果。近景和远景作为陪衬，用于更好地烘托主体，在渲染中分清主次，不可喧宾夺主。远景以浅灰色调来简约处理，近景由于处在位置前面，易被表现得过于醒目，可降低明度对比，或采用局部展现等手法，当然也不能过于草率，刻画得恰到好处，可起到画龙点睛的效果。

一幅好的效果图只有一个重点，即所谓的趣味中心。远景和近景也可成为画面主体。主体部分的表现应充实而饱满，次要部分的表现应弱化简略。效果图的表现是松紧有度的，对于主体，追求造型的准确，如建筑结构、墙体结构、室内陈设等应画得严谨认真，对于陪衬的景物则不必作精细的刻画，如人物可采用剪影轮廓式的简约处理，环境植物和装饰品采用轻松洒脱的笔触来表现（图3-13）。

图3-13

第二节　硬笔与草图表现

设计草图是设计师用以快速传达个人意图的图形语言，不仅仅停留在思考层面，而且可以使设计师进入设计创作的状态。设计草图更强调心、眼、手合一的思维过程，充满随意和灵动的线条，寥寥几笔我们便能看到设计师的思维轨迹，是创造性思维的体现。

一、硬笔草图的作用

设计草图有着十分重要的作用。众所周知，灵感是稍纵即逝的，只有即时的勾勒才能捕捉到，设计草图能快速记录灵感，将头脑中的想法快速地记录下来，因此不能小看设计草图，看似简单的草图可以是一项庞大工程的缩影。在设计草图时心情也是自由放松的，思想可以任意驰骋，在这种状态下可以产生富有感性的创造。在传达方案时，语言不足以传递所有信息，设计草图则以图形语言的方式展示在客户面前，快速直观地传达信息和感受，进而得到对方的认可。设计草图重在体现设计思维轨迹，为电脑效果图的绘制提供便捷和参照，施工者才可以根据电脑效果图精确的模拟进行施工。

二、硬笔草图的特点

设计师多用徒手绘制草图，直尺工整的线条宛如缰绳会束缚设计师的思维，一般采用铅笔、钢笔和签字笔等。铅笔不仅仅作为打草稿的工具，其本身就是独立的艺术表现工具，具有其他工具不可替代的效果。一根铅笔线可以表现出各种不同程度的深浅变化，可以表现光感、空气的氛围，可以表现沙沙的朴素质感，可以表现松软、坚硬、细腻等许多感觉。钢笔类工具主要依靠线条的粗细和线条排列的疏密来表现黑白灰变化，其效果醒目快捷，也备受艺术家和设计师青睐。

设计草图离不开透视的表现。这里我们所说的是模糊透视，是通过眼睛和手的感觉描绘，形象是依赖于透视而存在的，对于外界景物的观察都存在不同的透视规律。速写和快速草图中有时存在透视上的些许偏差，而视觉上是舒服和接近生活的。中国画中的散点透视也都值得借鉴和学习。

设计草图离不开空间的表现。室内外建筑在空间中得以展现，在空间中具有尺度的观念，正确把握好空间陈设之间的关系和建筑物与室外环境之间的关系尤为重要（图3-14~图3-16）。

图**3-14** 环境艺术设计中的草图表现

图**3-15** 环境艺术设计草图表现的扩展

图**3-16** 建筑效果图设计中的草图表现

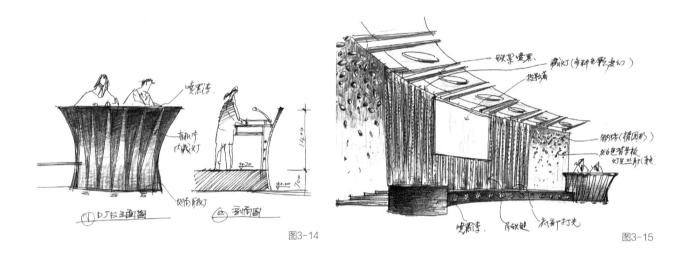

图3-14

图3-15

图3-16

三、硬笔草图与速写

要想画好徒手绘制的草图，速写是必要的训练。草图是有目的地设计方案，表现时理性多一些，对形象进行概括性和程式化的处理，速写作为长期素描的补充是一种非常有必要的训练。快速表现也培养对整体观察的表现，而忽略一些细枝末节的东西，它能够快速地捕捉创意灵感，在效果图的概念草图表现中起着十分重要的作用。

也许用视觉笔记比速写更全面。速写表达主观感受和感性多一些，能锻炼敏锐的观察能力和快速表现能力，有助于捕捉灵感。视觉笔记不仅仅包括了以写实为主的形象记录，也包括了视觉感受所引发的联想，包括绘画记录和文字记录，也可以是突发奇想，值得提倡。涂鸦、记忆画、想象画等都可以作为练习的方式，以提高手绘设计的能力（图3-17~图3-22）。

第三节　彩色铅笔表现

对具有一定素描基础的人来说，运用彩色铅笔表现形体、空间是非常自如的，也是非常自由的，实际上彩色铅笔表现的技法就是素描技法。彩色铅笔效果图十分典雅、朴实。由于铅笔的颜色有限，而色彩调和又是靠线条的交织，所以不宜表现十分丰富的色彩效果，但在表现形体结构、明

图3-17 室内设计师的硬笔速写

图3-17

图3-18

图3-19

图3-20

图3-18 国外设计师的硬笔速写

图3-19 硬笔速写（一）

图3-20 硬笔速写（二）

图3-21

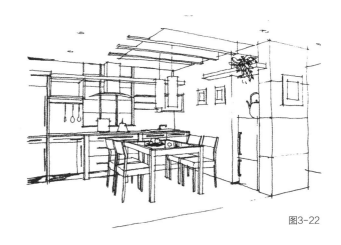

图3-22

暗关系、虚实处理以及质感表现等方面都具有很强的表现力。

彩铅有水溶性和非水溶性两种。由于水溶性更为便捷，大多采用可干可湿画的水溶性彩铅。在表现水彩效果时，可以先用彩铅上色后再用水笔渲染，也可直接用彩铅蘸水描绘，产生生动的效果。彩铅能表现铅笔线条感，画出细微生动的色彩变化，可以用色彩多次叠加进行深入塑造，也能表现水彩的水色效果。用彩铅表现时应注重对深浅的控制和把握，拉开色阶变化，加强色彩明度渐变的对比，笔墨不多却能表现到位（图3-23~图3-30）。

彩色铅笔表现技法往往结合水彩使用，用水彩作底色或画出大色块关系，再用铅笔作进一步刻画；或者使用铅笔画完以后，再薄薄罩上一层

图3-23

图3-24

图3-25

图3-24 彩铅表现中对建筑的远近、虚实处理

图3-25 彩铅表现中对建筑上轻下重主次关系的把握

图3-26

图3-27

图3-26 以钢笔线描和彩铅相结合的表现

图3-27 彩铅表现的客厅效果图

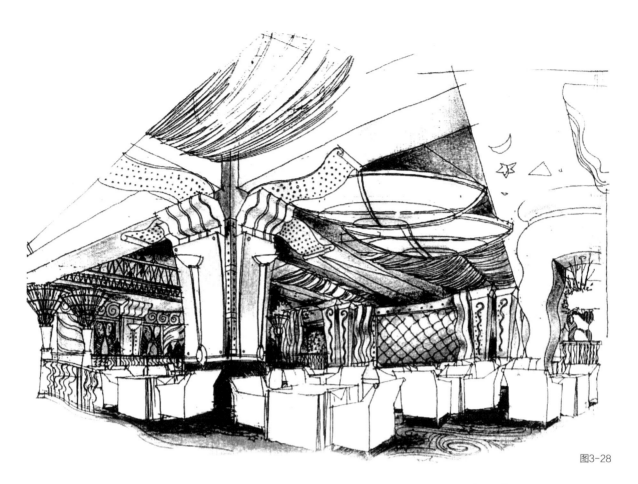

图3-28

图3-29

图3-28 室内餐厅的彩铅表现

图3-29 彩色铅笔表现的室内卧室，渲染远景

方荣昌.2012.12.4.

图3-30

水彩色。表现中铅笔的排线很重要，线条组织的形式与表现的效果相关，如线条紧密，排列有序，画面感觉严谨，适合于表现精巧、细腻、稳重的效果；线条随意、松散，线条方向变化明显，画面感觉活跃，适合表现轻松、充满生气的效果。

在彩色铅笔表现技法中应注意以下方面。

① 画线不要用涂抹的方式，以免画面发腻而匠气，应采取排线的画法，显示笔触的灵动和美感。

② 修改时尽量少用橡皮擦，以免擦脏画面，最好用橡皮泥黏去要修改的部分。特别是用水彩或水粉做底色的画面，用橡皮擦会擦花底色，而且很难补救。

铅笔的笔触细小，而且很容易控制，长于表现精微之处，要特别注意不要钻入局部而忽略整体效果，表现时同样要从大到小，从整体到细部，一步一步地深入下去。

第四节　色粉笔表现

色粉笔适合大面积的色彩效果表现。表现方式灵活，可以叠加上色。运用色粉笔平涂可表现朦胧细腻的效果，也可表现粗犷自由的感觉。色粉笔不易形成清晰的边界线，可以结合马克笔粗细不同的笔触来勾勒轮廓，以增强画面的线感力度和体面感（图3-31~图3-36）。

图3-31

图3-32

图3-31 清新柔和的色粉笔效果表现

图3-32 植物、天空、玻璃表现中通透的效果

98 环境艺术设计效果图表现技法（第二版）

图3-33

图3-34

图3-33 色粉效果图中远近虚实的空间表现

图3-34 天空、墙面等环境表现呈现和谐的色调

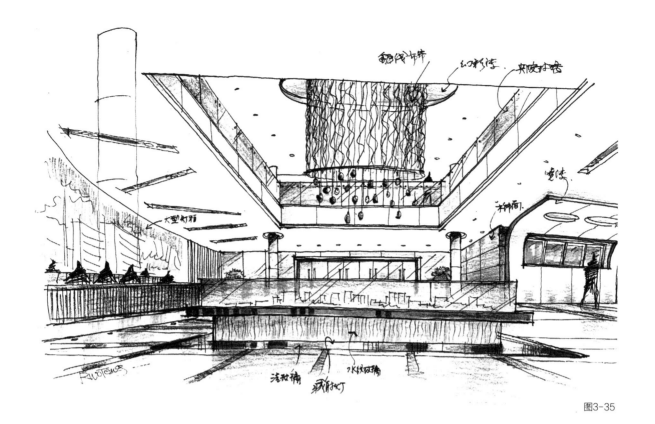

图3-35

图3-36

图3-35 采用色粉笔技法表现的售楼部大厅效果图

图3-36 卧室样板房效果图表现

第五节　马克笔表现

马克笔表现技法的最大特点是方便、快速、色彩鲜艳，画面平整洁净，适宜于渲染气氛和情感表现。马克笔的颜色干得很快，很适合速写式的表现。由于马克笔颜色和笔触的特性，它的表现技法与传统技法有较大的差异，马克笔所表现的效果体现了快节奏、生动流畅的时代特征。虽然马克笔不易叠加，不易深入刻画，但只要处理得恰当仍能表现得很到位，备受设计师青睐。

一、马克笔的工具特性

马克笔有水性和油性两种，水性马克笔较油性马克笔色彩更易融合。马克笔分圆头和扁头两种笔型，扁头笔适合大面积上色，圆头笔适合细部着色。马克笔主要作为上色用，两种笔头都比较粗，不宜画精确的结构线条。因此，马克笔一般与针笔结合使用，先用针笔画出形体结构线，再用马克笔着色。

马克笔色彩种类很丰富，与水彩和水粉在绘画上有很大差异。水彩和水粉是通过加水和颜料调和得到各种不同的颜色，深浅是随意变化的。对马克笔来说，每一种颜色都是固定的色彩，因此要熟悉每一支马克笔的名称及其色彩，才能在上色时得心应手。不同的材质可以选用不同型号的笔来绘制，如玻璃材质适合用大号笔表现，不锈钢适合用小号笔来表现等，逐渐形成个人的习惯和风格。

根据不同性能纸张的特点，在绘制前，可以将色彩画出小色标，纸张应该选用和要绘制色彩的纸张相同，这样在绘制时对应色标卡可以做到心中有数。根据马克笔不易调和的特点，适当结合彩色铅笔上色，可以画出更为清晰的轮廓线，同时也能弥补色彩上细微的过渡。

二、马克笔笔触的运用

马克笔非常注重笔触的排列，正如我们画素描或色彩水粉时用笔顺着物体的结构走向运笔一样。采用直尺可画出工整质感的线条，有起笔和收笔的停顿。常见的笔触排列有两种方式，平行重叠排列的方式和排列时留有狭长的三角形间隙的方式。由粗渐变到细的感觉，可以沿着之字形的走向排列笔触。利用笔头的多种角度还可以画出不同粗细的线条。在线条排列时要大胆地留空白，给人以想象的空间（图3-37和图3-38）。

三、马克笔的色彩表现

首先是草图起稿和构思，可以采用普通的复印纸来练习，也可以用硫酸纸来描绘。钢笔可选用不同型号的绘图针管笔，起稿时注重构思和构图，确定效果图的主要表现部分即趣味中心，用线条准确地画出空间透视、物体的尺度比例关系、各部分的面积分布等。

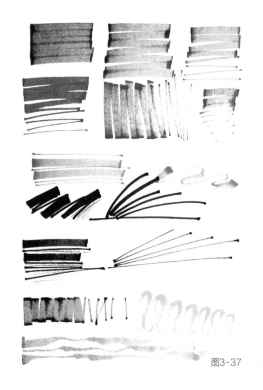

图3-37

图3-38

图3-37 马克笔笔触的运用
图3-38 马克笔笔触的表现

通常是在上色之前进行较完整的钢笔线描稿。为达到理想的色调效果，正稿完成后，可将其复印多份，进行尝试不同的色稿，然后选定色彩方案。对正稿应给与充分的描绘。钢笔线描稿作为效果图的骨架，此环节往往容易被忽略，画得过于草率简略和不完整，会影响上色的进度和效果。因此应对草图进行深入的刻画，用线条进行黑白灰的疏密表现，趣味中心的主体部分笔墨多一些，次要的地方采用虚处理，线条简略。

马克笔上色时，按照由远及近，由浅及深的方式来渲染。如渲染室内时，从天空的顶棚开始画，再画到前面的柱子，再画近景。

明暗关系。马克笔有各种不同深浅的渐变色，主要是色彩明度上的深浅变化，在素描黑白灰的基础上加以表现，概括地处理亮面、暗面、明暗交界线几个层次的变化。为了掌握色彩渐变的规律，可利用几何形体来描绘练习，熟练用马克笔表现立方体、圆柱体等单色或类似色系的渐变效果。在马克笔描绘时通常采用由浅及深的顺序来表现黑白灰效果，将亮部连同暗部一起涂满，再画灰色层次，最后画黑色层次。

冷暖关系。首先，整幅效果图应有统一的基本色调，冷调、暖调或灰调等。在景物色彩渲染上应适当把握冷暖关系，太鲜艳的颜色会觉得很火气，有时可以适当用灰色来叠加，因此为了方便快捷，灰色系马克笔是较常选用的。在上色时应注重马克笔有冷灰和暖灰两种系列，选用同一色系来渲染能加强统一的色彩效果。

虚实关系。在色彩表现中空白的运用能产生虚实对比，达到此地无声胜有声的境地（图3-39~图3-52）。

图3-39

图3-40

图3-39 客厅，马克笔在有色纸上的单色表现

图3-40 卧室的马克笔上色表现

图3-41

图3-42

图3-41 在马克笔的色彩表现中，十分注重适当留有空白的效果

图3-42 马克笔上色前的钢笔起稿

图3-43

图3-44

图3-43 丰富又不乏生动的马克笔笔触表现

图3-44 马克笔徒手渲染的卧室效果图

图3-45

图3-46

图3-45 餐厅手绘效果图表现

图3-46 客厅手绘效果图表现

第四章
环境设计中的水色渲染与
综合表现

本章讲述环境手绘效果图表现技法中的水色渲染表现与综合表现两部分。二者都是在硬笔线条勾勒和塑造完稿的基础上，采用色彩渲染、拼贴或多种方法综合运用的方法，进行效果图的技法表现的。"水色渲染表现"顾名思义就是采用水与色结合的表现，指以水彩、水粉为主的两种效果图表现技法。这种水色渲染尤其要注意整体色调的把握，形成一个既有基本统一色调又有色彩变化的画面效果。"综合表现"是指把多种表现方法综合起来，发挥共同优势，产生单种技法难以达到的融会贯通的表现效果。综合表现技法包括色底综合、材料综合和拼贴表现等。

第一节　水彩渲染效果图表现

通常提及的水彩渲染效果图表现，是指包括建筑及其室内外水彩渲染技法的训练，是一种难度较大的基本功练习，即靠"渲""染"等手法形成的"褪晕"效果来表现环境空间中建筑内外形态和各种物体的组合关系。掌握了水彩渲染这门技法的基本功，硬笔线描渲染表现图和水粉表现图的掌握就比较容易了。

一、水彩渲染的表现特性

水彩渲染已有百余年的历史，植根在我国也经历了几十年的发展过程。水彩渲染表现技法是实用范围很广、经久不衰的一种表现形式，同时也是一种较为普遍的教学手段。水彩渲染在现代景观建筑设计、园林规划、室内外装饰的表现效果图中随处可见。水彩渲染表现技法之所以广为应用，主要原因是其工具、材料比较普及，画法步骤比较简洁，容易掌握、控制，其表现风格严谨，画面工整细腻，明快清新，真实感强，深受设计师喜爱（图4-1~图4-4）。

图4-1 圣·马丁运动场的门廊，〔英〕威廉·亨利·亨特作

图4-2 国外设计师的建筑渲染图作品

图4-1

图4-2

图4-3

图4-4

一般来说，传统的水彩渲染色彩变化微妙，能很好地表现环境气氛，但也存在很大的缺点。其缺点主要有：一是色彩明度变化范围小，画面不醒目；二是由于色彩是一遍又一遍地渲染，很费时间，这与实际工作的要求有很大矛盾。近年来，国外对传统水彩渲染进行了改造，如运用大笔触，加大色彩明度变化范围等，避免了上述传统水彩渲染的缺点，使画面变得更为醒目，作画时间也大大缩短。水彩颜色的浓淡不能像水粉渲染那样靠白色去调节，而是通过调节加水量的多少来控制，否则就失去了水彩渲染的透明感（图4-5~图4-7）。

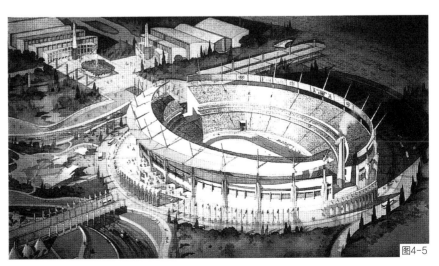

图4-5

图4-6

图4-7

图4-8

图4-9

二、水彩渲染的基本技法

水彩渲染的着色顺序和马克笔渲染基本一致，是先浅后深，逐渐增加层次。水彩颜料调配时，混合的颜料种类不宜太多，以防画面污浊。水彩渲染的纸张为一般水彩纸，或纸张表面肌理较细，质量较结实的其他纸张也很合适。颜料为专用国产或进口水彩颜色料；工具为普通毛笔或平头、圆头毛笔均可；水彩渲染用笔如中国毛笔大、中、小白云皆可，水彩笔也合适，细部描绘可用衣纹笔或叶筋笔。

图4-6 东京Chiba会议中心淡彩渲染，HideoShirai作

图4-7 体育场设计方案，国外设计师的水彩渲染表现

图4-8 公共环境中采用的水彩褪晕表现技法

图4-9 西方经典的水彩褪晕表现技法

1. 水彩渲染的技法要点

一般来说，水彩颜料透明度高，可以和水墨渲染一样采用"洗"的方法进行渲染，多次重复用几种颜色叠加即可出现既有明暗变化又有色彩变化的褪晕效果（图4-8和图4-9）。下面介绍操作过程中的注意事项。

（1）前一遍未干透不能渲染第二遍，这是干画法，也可趁湿晕色、接

色，这是湿画法。

（2）透明度强的颜色可后加，如希望减弱前一遍的色彩，可用透明度弱的颜色代替透明度强的颜色，如用铬黄代替柠檬黄。

（3）多次叠加应注意严格掌握颜色的鲜明度，尽量减少叠加的遍数。

（4）大面积渲染后立即将板竖起，加速水分流淌，以免在纸湿透出现的沟内积存颜色。

（5）不必要的颜料沉淀出现后，可以多次用清水渲染、清洗沉淀物，但必须在前一遍干透后才能清洗。

2. 水彩渲染的方法步骤

（1）首先画出透视图底稿，然后拷贝到正稿水彩纸或其他纸张上。正稿的透视线描图，可以用铅笔或不易脱色的针管墨线勾画，线是水彩渲染图的骨架，画线一定要准确、均匀。

（2）均匀刷上很淡的底色。作底色可以使纸张的吸水性能得到均匀改善，并可以控制画面主色调渲染画面形象物的基色。

（3）针对不同特点、材质的基本色作出大色块，不作细部色彩变化的刻画，但对有大面积过渡色彩变化的物体可以有所表现。根据光照效果渲染明暗变化，根据远近关系渲染虚实效果。由浅至深，可多次渲染，直至画面层次丰富有立体感。

（4）进行细部刻画。收拾和调整画面，把握整体协调的效果。

渲染时需要注意不能急于求成，必须注意采用干画或湿画时应遵循的上色程序，避免造成不必要的劣迹，而使色彩不匀，画面感觉脏、陈旧的情况产生。水彩颜料是透明的绘画颜料，在渲染时可以采用多层次重叠覆盖以取得多层次色彩组合的比较含蓄的色彩效果（图4-10~图4-12）。

图4-10 大堂"T形台"水彩渲染表现

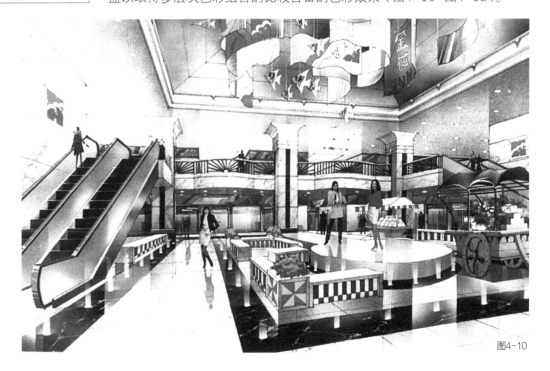

图4-10

图4-11

图4-12

三、钢笔水彩渲染技法

钢笔水彩渲染技法，是一种用钢笔线条和色彩共同塑造形体的渲染技法。传统的钢笔水彩渲染又叫钢笔淡彩，画面一般画得较满，色彩较浅淡，或仅作色块平涂；现代钢笔水彩渲染常常不将画面画满，且对画面进行了剪裁，加强了表现力。这种技法，线条只用来勾画轮廓，不表现明暗关系，色彩通常使用水彩颜料，只分大的色块进行平涂或略作明度变化。当代水彩渲染的淡彩画法，通常是在钢笔、铅笔、炭笔、毛笔或软、硬水笔等画出景物结构线、轮廓线的基础上，渲染水彩色（图4-13~图4-17）。

钢笔淡彩作画用纸，要求选用高质量的水彩纸或其他优质纸张或纸板，最好裱起来作画以避免水彩纸着色后发生翘曲。淡彩画法，是室内外环境设计效果图的重要表现手法，最适合在较短时间内记录形象、形态及光影变化的整体关系。

图4-13

图4-14

图4-13 婺园徽派建筑，钢笔淡彩速写，席跃良作

图4-14 国外设计师钢笔淡彩渲染作品

图4-15 豫南村舍，钢笔淡彩，张克让作

图4-15

图4-16

图4-17

以干底湿接为主，也可作适量叠加，但色彩一定要稀湿、浅淡，因为纸底的线条与素描关系起着主导作用，这样的效果，不仅清秀淡雅，而且流畅而抒情。

图4-16 钢笔淡彩建筑效果图（1）
图4-17 钢笔淡彩建筑效果图（2）

第二节　水粉渲染效果图表现

水粉是一种半透明或不透明的水彩颜料，是当前国内外广泛采用的建筑画的渲染工具。水粉渲染技法，一般具有绘制速度快、图面效果好、容易掌握等优点。其中以现代水粉渲染最为突出，它不仅具有上述几个优点，且在表现材料的质感和环境气氛方面也有独到之处。

一、水粉渲染的表现特性

水粉由于本身使用的材料及工具性能的不同，必然产生与其他画种相异的特点及相适应的表现技法，因此研究和发挥水粉渲染技法的性能特色，是运用中扬长避短取得理想效果的关键。性能上，水粉颜料介于水彩和油画颜料之间，颜料画厚时就像油画，画稀时则类似水彩画。它不像水彩画那样过于迁就水的特性，可以更多地作深入表现；它又不像油画那样用色浓厚堆砌，它可以灵活多变。同时它又既难达到油画的深邃浑厚，也有逊于水彩画那样透明轻快。另外，它还有一个先天弱点，就是在颜料干湿不同状态下色彩的变化很大，色域也不够宽，在已经凝固的颜料上覆涂时，衔接困难，画得过厚，干固的颜料易龟裂脱落，且不宜长期保存。

此外，色彩运用不当，易产生粉气问题。颜料的填料中含有较多的硫酸钡，而硫酸钡是一种不透明的白色粉末，所以水粉颜料具有较强覆盖力，不透明或半透明性，易产生"粉气"。用于调和的水需干净，画面用水过多或水质浑浊会使潮湿的画面色彩变浊，饱和度减弱，而更易造成"粉气"。

二、水粉渲染的表现方法

水粉渲染的历史较短，在国外有几十年的历史，而在我国则是20世纪70年代前后才起步。其覆盖力强，绘画技法便于掌握。水粉表现技法大致分厚画法、薄画法及褪晕法三种画法。

1. 厚画法

厚画法主要指在作画过程中调色时用水较少，颜色用得较厚。其画面色泽饱和、明快，笔触强烈，形象描绘具体、深入，更富有绘画特征。覆盖时用色较厚，用色量较大（图4-18）。

2. 薄画法

薄画法一般是大面积的铺色，水色淋漓，然后一层层加上去。采用薄画法时，用色及用水量都要充足，一气铺好大的画面关系。运笔作画快而果断，不然会产生很多水渍。薄画法往往适宜表现柔软的衬布、玻璃倒影、瓷瓶、花卉或水果等，这有助于表现出物体的光泽及微妙的色彩变化。选择何种手法去表现对象，一方面根据物体的种类而定，另一方面也是由个人的作画习惯及偏爱决定的（图4-19）。

图4-18 商场设计方案，厚画法水粉渲染的表现

图4-18

图4-19

3. 褪晕法

在环境设计手绘效果图中，褪晕法是表现光照和阴影的关键。水粉和水彩渲染的主要区别在于运笔方式和覆盖方法。大面积的褪晕一般画笔不宜涂得均匀，必须用小板刷把较稠的水粉颜料迅速涂布在画纸上，往返地刷。面积不大的褪晕则可用水粉画扁笔一笔笔将颜色涂在纸上。在褪晕过程中，可以根据不同画笔的特点，运用多种笔同时使用，以达到良好的效果。水粉褪晕有以下几种方法。

图4-20

图4-21

图4-21 水粉褪晕直接着色的渲染表现

（1）直接法或连续着色法

这种褪晕方法多用于面积不大的渲染，这种画法是直接将颜料调好，强调用笔触点，而不是任颜色流下。大面积的水粉渲染，则是用小板刷刷，往复地刷，一边刷一边加色使之出现褪晕，必须保持纸的湿润（图4-20和图4-21）。

（2）仿照水墨水彩"洗"的渲染方法

水粉虽比水墨、水彩稠，但是只要图板坡度陡些也可使颜色缓缓顺图板倾斜淌下。因此，可以借用"洗"的方法作渲染，进行大面积的褪晕。其方法和水墨、水彩基本相同，在此不再赘述。看起来水粉渲染技法是在水彩渲染的基础上引申出来的，只是使用的颜色料稀湿程度不同罢了，而实际上正是由于颜色料的不同，水粉渲染在方法步骤和艺术效果上都形成了自身鲜明的特征。水粉颜色料的覆盖力和附着力都较强，因此，水粉渲染对纸张要求不是特别严格，一般水彩纸、绘图纸、纸板均可；画法步骤也不像水彩渲染那样呆板，可以先画重色后提亮色，也可以先画浅色后加重色，但一般是按从远到近的顺序进行渲染。水粉渲染过程中，许多色彩可以一次画到位，不用考虑留出亮色的位置，也不用层层罩色渲染，既省事又省时，对画面不满意还可以反复涂改。水粉颜色料的调配比水彩更方便自由，画面的色彩可以更丰富，画面显得比较厚重（图4-22和图4-23）。

（3）点彩渲染法

这种方法是用小的笔点组成画面，需要花费较长时间耐心细致地用不同的水粉颜料分层次先后点成。天空、树丛、水池、草坪都可以用点彩的方法，所表现的对象色彩丰富、光感强烈（图4-24）。

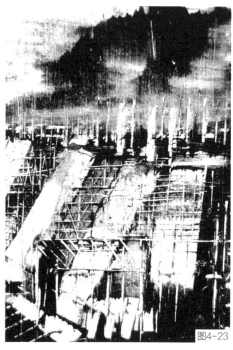

图4-22

图4-23

图4-24

图4-22	天空的表现，仿水彩"洗"的渲染方法
图4-23	水粉褪晕仿水墨"洗"的渲染表现
图4-24	水粉褪晕的点彩渲染表现

第三节　喷绘效果图表现技法

喷绘是指用喷笔进行描绘的方法。其原理是利用压缩空气把颜料的颗粒均匀地散布在纸面上，造成一种特殊的画面效果。喷绘的工具需要专门的喷笔和空气压缩泵，颜料一般选用颗粒细腻的水粉色或水彩色，市场上也有专用的喷绘颜料出售。

图4-25

图4-25 喷涂褪晕法水粉渲染表现

一、喷绘渲染的表现特点

喷绘技法既是传统的技法，也是现代流行的技法。"传统"是指喷绘技法已有很长的历史，"流行"是因为喷绘表现的魅力始终不衰，并吸引人们不断对喷绘的工具、材料进行改进和创造，顺应了时代的潮流。喷绘的表现魅力就在于细腻的层次过渡和微妙的色彩变化等方面。今天喷绘工具已很先进，可供选择的喷绘专用材料（颜色料、纸张及遮挡膜等）的品种也很多，喷绘已可以绘制十分精美细腻的绘画作品。由于喷绘可以轻松地表现柔和的色彩过渡关系，自如地表现色彩的微妙变化和丰富的层次，具有很强的表现力，具有色彩细腻柔和，光线处理变化微妙，材质表现生动逼真的特点，因而在建筑及环境设计效果表现图领域的使用很广泛。

喷涂是利用压缩空气把水粉或一种特殊颜料从喷枪嘴中喷出，形成颗粒状雾。喷涂之前要刻制遮板，以做遮盖之用；也可在画过的色彩上喷涂，然后再画、再喷。所以这种方法比较复杂，费时费事（图4-25）。

二、喷绘渲染的表现方法

用喷绘的方法绘制环境设计效果图，画面细腻，变化微妙，有独特的表现力和现代感。它还具有可与其他表现手法相结合的特点，并且有分开作业、程序化强的优点。喷绘的一个重要技术就是采用遮挡的方法，制作出各种不同的边缘和褪晕效果。常用的方法为采用专门的"覆盖膜"（一种透明的粘胶薄膜，能够紧密地吸附在纸面上，而撕下时又不会损伤纸面），预先刻出各种场景的外形轮廓（通常可用针管笔事先描绘在画幅上），按照作画的先后顺序，依次喷出各部分的形体关系及色彩变化，然后再用笔加以调整。亦可采用硬纸板、各种模板和其他遮挡材料，并利用遮挡距离的变化来形成不同的虚实效果，表达各种场景下明暗和形体的变化（图4-26和图4-27）。

图4-26

图4-27

图4-26 西餐厅，喷绘渲染表现，骆承伐作
图4-27 建筑设计效果图，国外设计师的喷绘渲染表现

第四节　效果图的综合表现技法

综合表现技法就是指将多种技法综合起来，同时运用，融会贯通，以达到更经济、更便捷和更新奇的效果。综合技法是从绘画制作中借助一定的工具，使用多种材料，采用多种表达方式来提高效果图质量，通过加工、合成、剪贴等形式的综合技法提高精度。如在表现建筑与现有环境空间之间的关系时，常常需要极为真实地表现出现有的建筑与环境的情形，如用单一、传统的工具手段来绘制，既费力，又难以取得理想效果。只有借助合成的综合技法，将其有机地融合在一起，才能达到事半功倍的效果。

一、色底渲染综合表现

色底渲染的表现技法也是一种快速的表现技法。色底渲染一般采用有色纸作底，当然，也可以事先自己动手做好常用的色纸。对色底的选择主要依据需要表现的主色调来确定，而色底的颜色只是设计的色彩基调的倾向性色彩，一般是有明确色彩倾向的各种中明度灰色。色底渲染往往是以肯定的、有力度的结构线为基础，略施色彩，渲染色彩的目的是丰富画面的表现层次和增强画面的对比力度。色底渲染的表现语言十分简练，是对色彩捕捉的表现，而不是写实，但表现效果却十分明显（图4-28和图4-29）。

图4-28

图4-29

二、材料手段综合表现

这一类综合技法，是把绘画制作中本来单独使用的工具，如马克笔、彩色铅笔、水彩水粉、蜡笔、丙烯、油画棒、色粉笔等工具及其相应的多种材料、多种绘画形式综合起来，融会贯通地形成交响乐般的效果，从而产生强大的艺术感染力。本来单一工具手段的绘制，既费力，又单薄，通过融合，往往能够产生意想不到的效果（图4-30~图4-32）。

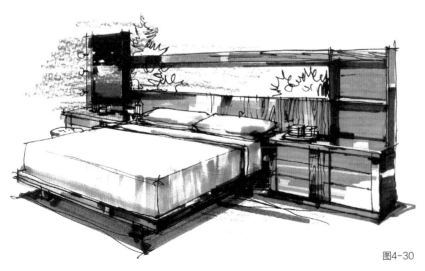

图4-30

图4-31

图4-32

图4-33

图4-34

图4-35

三、拼贴合成综合表现

　　拼贴表现的方法是在效果图空间透视框架的基础上，用现成的色纸或图形进行剪辑拼装。拼贴的方法一般有两种，一种是用透明彩色胶纸，按图形的要求剪切成不同形状进行拼贴，用透明色纸取代颜料渲染。这种拼贴的方法实际上是用各种平整的色块来组装不同色彩的物体和不同面向的形态。由于透明色纸的色相比较饱和、色彩平整、纯净，拼贴表现的画面富有很强的装饰性。另一种拼贴的方法是将印刷品的色块或图形进行剪辑拼贴。这种拼贴的方法一般是结合色彩渲染的方法进行的，对画面的空间和色彩的整体关系采用渲染的方法，对局部的图形采取剪贴的方法，如画面中的人物、植物、家具、柱饰、大空、山石等，在多数情况下剪贴物是作为画面的配景，以烘托某种气氛。这种拼贴的方法在电脑制作表现图中应用广泛，通过图形软件的编辑与手工拼贴效果会大不一样（图4-33~图4-35）。

图4-32 交通工具，水彩、马克笔、色粉笔、喷绘等技法综合表现

图4-33 织品、植物、纸品拼贴，镶嵌玻璃花窗，金烨作

图4-34 纸品、织物拼贴景观抽象效果图，王欢作

图4-35 室内设计方案，手绘、摄影、电脑的综合表现

第五章
环境设计效果图快速表现训练

手绘快速表现，是设计师艺术素养与表现技巧的综合体现。它以自身的艺术魅力、强烈的感染力向人们传达设计的思想、理念以及情感，愈来愈受到人们的重视。快速表现的最终目的是通过熟练的技巧，表达设计者的创作思想、设计理念。素描、速写、色彩训练，是手绘快速效果图表现的基础；对施工工艺、材料性能的了解是画好手绘的条件；利用透视原理，形象地将二维空间转化为三维空间，可快速准确地表现对象的造型特征。快速表现如同一首歌、一首诗、一篇散文，精彩动人。

第一节　快速表现的特性与应用价值

所谓快速表现，就是在很短的时间内，通过徒手运笔，简洁、轻捷地表现出最佳的预想效果。一张成功的快速表现图，它所依赖的条件是准确、严谨的透视和较强的绘画能力。由于快速表现图所需要的时间比较短，在着色上又多以水色颜料、马克笔等透明颜色为主，因而准确、生动的透视便显得格外重要。

一、快速表现的艺术手法

一个概念、一个方案的诞生，必须依靠多种形象的表现而得以体现，设计师在构思阶段，不能在一张纸上用橡皮反复地涂改，而要学会使用半透明的拷贝纸，不停地修改拷贝和修改自己的想法，每一个想法都要切实地、快速地落实于纸面，一张看似纷乱的草图，用这种图示语言与人们进行交流，就是探索方案的过程（图5-1~图5-3）。快速表现就是通过这种

> **图5-1** 带着构思开始快速表现的草图
> **图5-2** 在草图上覆盖硫酸纸进行整理，用马克笔快速加工成初步效果图

图5-1

图5-2

图示形式，积累对比、优选的经验与方法，好的方案、好的形式就可能产生。方案一经确定，综合前期积累的成果，形成完整的快速表现效果图，可为方案的实施担当蓝图的角色。

　　快速表现，是绘制环境效果图的简捷方法，是将构思和概念直接通过纸面进行表达的有效方法。快速表现的语言以线为主，运用线的不同形

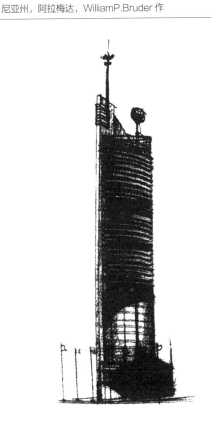
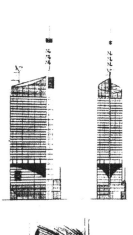
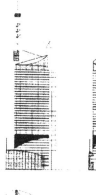
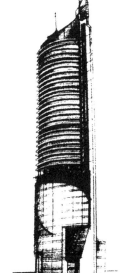
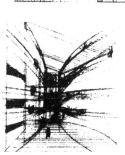

图5-3A

图5-3B

图5-3C

态、不同排列来组织勾勒线条，然后敷淡色。常常采用钢笔、针管笔和签字笔画线，所勾画的线条坚实感和力度感很强，细部刻画和线脚的转折都能做到精细准确。这也是它与水粉等画法相比的优势所在。与长期慢写的效果图作业相比，快速表现技法似乎缺乏深度，但活泼、肯定的形色关系和恰到好处的画龙点睛之笔，就像精锐的轻骑兵那样充满战斗力（图5-4~图5-6）。

快速表现的艺术手法有：铅笔素描表现、水粉表现、水彩表现、钢笔淡彩表现、马克笔表现、彩色铅笔表现、色粉笔表现、喷绘表现，还有蜡笔油棒表现等。其中，水彩滋润、明快；水粉生动、厚重；钢笔淡彩轻灵、便捷；马克笔酣畅、帅气；彩铅丰富、简括；色粉笔艳丽、精美；喷绘细腻、真切等，各种手法各具特色。它们都皈依素描、色彩、透视、构图等艺术语言，是一种科学性和艺术表现性相结合的专业绘画形式（图5-7~图5-14）。

图5-4

图5-5

图5-4 山城景观钢笔白描快速表现，王钰淇作

图5-5 环境空间中的石材雕塑小品效果图

图5-6

图5-6 钢笔白描表现的室内公共空间效果图

图5-7 素描效果图：印第安纳波利斯市中心办公大
楼方案

图5-7

图5-8 钢笔淡彩快速表现

图5-9 水彩渲染表现：芙蓉镇，张克让作

图5-9

图5-10

图**5-10** 钢笔淡彩表现，齐臣作

图**5-11A** 明快的室内马克笔快速表现，杨佳源作

图**5-11B** 湘西民居，马克笔快速表现，俞斐然作

图**5-12** 彩色铅笔表现的美国建筑，奥列佛作

图5-11A

图5-11B

图5-12

图5-13

图5-14A

图5-14B

二、快速表现的形式特点

如前所述，快速表现的形式尽管多种多样，但它们有着共同的特点：简练的笔触、响亮的色彩和生动的艺术感染力。这些形式要素方面的特点包括以下方面。

1. 形态形体的提炼与处理

在效果图的快速表现中，十分强调对形态形体的组织与处理。深刻提炼与高度概括形态形体的本质特征，常常运用夸张与局部强化的手段，使形象更加鲜明、突出；注重形态形体之间的联系，使形态形体在画面的构

图5-13 客厅，色底粉笔效果图，陆涛作

图5-14A 室内餐厅的喷绘效果图方案

图5-14B 轿车，马克笔快速表现，王兆雯作

图5-15

图5-16

成关系中，谐调、得体并充满节奏、韵律感（图5-15和图5-16）。

2. 色彩色调的控制与概括

在色彩表现上，注重色调的控制与把握，强调色调对表达色彩气氛的主导作用，重视归纳，把大量的中间色概括成一个颜色，或把这个色做底，在其上加添暗部，用浅色提出亮部，画出整个形体，将这个中间色融入形体变化之中，克服了色彩表现、花、乱的缺点，提高了色彩的整体表现力。另外，在快速表现中，还可以使用有色纸，各种各样的有色纸呈现出和谐的灰色调，构成了画面色彩的基调，利用好这个底色，可以大大提高表现速度，而且能取得特别和谐的效果（图5-17和图5-18）。

3. 凝练生动的笔触效果

在快速表现中，笔触的组织也是画面形式的要素之一，笔触效果无论是底稿的白描勾勒还是色彩渲染，与一般绘画相比，都鲜明地体现出生动活泼、轻快流畅和一种潇洒的"帅气"感。笔触组织得好，有助于增加画面的形式美感，凸显技法的表现力；反之，会丧失画面的整体性而使之杂乱无章。在笔触的组织过程中，必须和形体的变化结合起来，和画面的气韵结合起来，使笔触表现成为画面传达信息的重要部分（图5-19A和图5-19B）。

图5-17

图5-18

图5-19A

图5-19B

4．简约而中心突出的构图处理

快速表现一个重要的特点是：在构图上强调中间紧、四边松的处理技巧，紧紧抓住画面的中心部分进行精雕细刻，使之成为画面的视觉中心；在周围、上下、左右相关部位常常留白，用笔轻松自如，有时甚至是洋洋洒洒地一扫而过，使之与视觉中心相映生辉（图5-20和图5-21）。

三、快速表现的训练与表现力

1．快速表现的学习与训练

快速表现以归类的学习训练为主，启发学生的创造性思维能力，将相似技法归纳为一个范围，主要研究此类技法的表现规律。例如：石材表现，就是把各种石材的特点综合起来，归纳其表现技法的几个特点，让学生去研究掌握。教学中，常采用写生与照片归纳相结合的方法，通过对陈设器物的形体塑造、细节描绘、质感刻画等环节，使学生掌握其表现规律（图5-22和图5-23）。通过照片归纳的办法，对特定光环境下的物体进行分析研究；通过质感的表现，进行提炼与取舍的训练，从而对室内的陈设和器具、室外的

图5-20 在大片虚写空间中，突出木质等主体表现

图5-21 将形色横向集中于上方，自上而下逐渐淡出而成节奏

图5-22 中环广场，马克笔表现，张美凤作

图5-23A 摄影改变-连体别墅，彩铅效果图，俞斐然作

图5-23B 摄影改变-小别墅，彩铅效果图，包小宜作

图5-20

图5-21

图5-22

图5-23A

图5-23B

建筑与景观的效果表现形成一定的程式表现能力。所谓程式，就是具有相应规律性的程序与方法，这是表现技法重要的训练项目之一。掌握快速表现手法，可广泛应用于室内外效果图表现的项目实践，充分发挥出绘图速度快、色块简练、效果清新的艺术特点，充分发挥它的实用性特点。

2. 快速表现的艺术表现力

如果将快速表现视作具有艺术欣赏价值的作品，内容表达的生动与否，则成为衡量其价值的标准之一。因此，在环境设计效果图的手绘过程中，设计师们常常采用更多的表现技法和技巧来增加画面的艺术表现力，并尽力克服建筑、环境等表现过程中常常出现的僵硬、呆板的现象。如在线条为主的表现技法中，常借鉴中国画或铜版画等组织和运用线条的方法，创造出具有较强质感和表现力的线条形式。在技法表现中，除线条外，其他造型艺术的手法都可综合运用。绘画的构图原理、对比法则（疏密对比、明暗对比等）、色彩运用及其夸张、比兴和暗示等手法都是设计师用来加强艺术感染力的重要手段（图5-24和图5-25）。

图5-24 "中青年教师书房设计方案"，构图与色彩处理上采取虚实对比手法，曹雄华作

图5-25 大厅，马克笔简洁概括的表现，刘佳芸作

图5-24

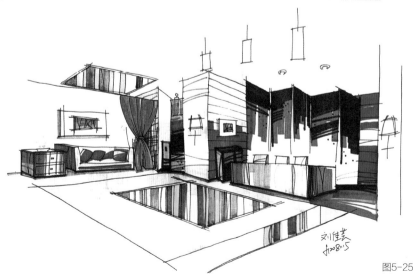

图5-25

快速技法的艺术表现力与设计者的绘画基础及艺术鉴赏能力有更大的关系。设计者的绘画功底、驾驭技法的能力以及由此形成的个性特点，也常常体现在其中，这就自然而然地形成了环境设计效果图的风格化趋向。一方面，这种风格化的个人特征是设计职业能力的标志，另一方面，也要避免过度的个人风格化和千篇一律的倾向。

四、快速表现的应用价值

作为一名设计师，无论在设计的什么阶段，都要习惯于用笔将自己一闪即逝的想法落于纸面，培养图形分析思维方式的能力。在不断的图形绘制过程中，又会触发新的灵感。这是一种大脑思维形象化的外在延伸，完全是一种个人的辅助思维形式。优秀的设计往往就诞生在这种看似纷乱的草图当中。不少初学者喜欢用口头的方式表达自己的设计意图，这样是很难被人理解的。在环境设计领域，图形是专业沟通的最佳语汇，因此习惯地运用图形分析思维进行作画是设计师职业素质的要求。

快速准确地捕捉自己的意念火花，它比电脑制作效果图更快，更充满活力；比工程图更为直观、形象。寥寥几笔，常常反映了一闪即逝的灵感。在草图勾勒时，有时一个点、一条线都有可能带给我们无限联想。

快速表现不仅培养我们的表现能力，而且能使我们的设计内涵、修养不断完善，审美品位不断得到提升。快速表现涉及艺术语言的多种体现，如构图经营、空间渲染、色彩效果、材料质感、意境表达等多种素养。设计伊始，设计师就开始进入一个绘制各种草图的快速表现状态。通过草图，设计师不断点滴积累，调整和改善自己的想法，也通过草图以最快最为便捷的方式达成与他人交流思想的目的。简言之，设计师通过快速表现与己交流、与人交流。

对于学习设计专业的人来说，快速表现就如同笔和尺一般，贯穿在设计的每一阶段。我们可以看到，无论在哪个设计行业中，快速表现都是设计中的必要环节，构思方案，需要用草图快速地表现想法；与业主交流，这种图示形式的多少与质量直接影响到沟通的进程与整体印象；在设计的深化中，快速表现能进一步帮助设计师理清头绪，完成项目设计。

初学者往往不理解快速表现在设计过程中运用的意义，要么将设计与快速表现完全分离，各自为政；要么快速表现的图示进程始终停留在原初的暴发性思维阶段，使设计无法深入；要么快速性草图的表达在程度上过于细致入微，失去了"快速"的灵感价值，浪费了时间；要么把这种表现与正稿合而为一，一下子进入了完稿阶段，缺少分析过程……如此种种，都阻碍了设计的正常发挥和进行。为此，我们不能孤立地看待快速的作用，它是随着设计的变化而变化，随着设计的深入而深入的，不断地跟进设计的每一个阶段。因而，一个设计的完成将会有大量的图示形式伴随产生。

手绘快速表现的重要性，如同素描中经常提及的画速写的重要性一般，只有当手中的功夫游刃有余，才能使自己的想法充分地展现。一张优秀快速表现图稿的表达，不但闪烁着设计师的灵感、智慧与创作理念，也能使阅读的人随之产生共鸣，明确设计意图，赏心悦目地走进设计境地。

第二节　快速表现的规律和法则

徒手快速表现既传统也时尚，是较为常用的图示表达方式。它包括的类型很多，根据所采用的材料来区分，有铅笔、钢笔、钢笔淡彩、彩色铅笔、蜡笔等丰富多彩的形式。设计者可根据自己的喜好来选择适合自己的表达方式，也可根据设计项目的性质和特点来选择能够表现设计对象气质的手法。

一、效果图快速表现的程序

在夯实前期艺术表现基本功的基础上，对技法绘制工具的使用、方法和特点有了较深入的了解，这样便可把基础训练与实践应用结合起来，使我们的基本技法在实际运用中得到深化和变通，从而在环境艺术设计表现中驾轻就熟。

1. 快速表现的工作程序

环境设计效果图的快速表现，大体上可以按照这样的思路展开：绘制准备工作→熟悉平面图→透视方法和角度选择→技法选择、绘制底稿→效果图制作→作品校正→装裱。

2. 快速表现的绘制步骤

在快速表现之前，必须读懂环境设计图纸（平面、立面、剖面等），搞清所需表现的建筑形态、主要空间关系、细部构造及周围环境的关系，最主要的是要领会环境设计的意图。即准备表现一种什么性质的空间意境，是简欧式的现代高层？还是庄严肃穆的中式风格？或是活泼明朗的商业空间？或兼而有之？能否恰如其分地把握设计者想要表达的意境，是快速表现的关键所在。之后，包括表现方法的确定、透视角度的选取、光影与色调的布置，甚至配景、陈列品的设置，都在这个基础上展开。经过了一系列前期的准备工作后，我们可以进入表现的制作阶段，具体步骤如下。

① 在设计构思基本完成后，用钢笔、铅笔或其他硬笔工具起稿，把每一部分结构布置大体到位。这时要明确，准备把哪一部分作为表现的重点，然后从这一部分着手刻画，修正草稿、拷贝或直接进行白描勾勒。挺直的长结构线可以借助角尺拉直，继而用徒手沿拉直的方向白描勾勒；小的结构线尽量直接徒手勾画，特别像小气窗、墙砖、地面等物体。这样可充分体现出画面生动而富于变化的效果，同时，也可避免由于构筑界面直线多而引起的僵硬与呆板感（图5-26）。

② 画面的中心基本画完，开始拉伸空间，虚化远景及其上下左右；接

图5-26

图5-27

着刻画墙砖、细部、配景及点缀品，如小车等；对画面的线和面作一次调整：将过直的线软化，过空洞光滑的壁面加上点线，以此改变画面生硬的感觉（图5-27）。

③ 线稿画完后，接着考虑画面的大体色调，甚至整体笔触的运用、细部笔触的变化等都要有计划，做到心中有数再动手。与黑白稿一样，先从视觉中心着手，重点敷色，注意物体的质感表现和光影大关系，尽量一次铺设，采用清新的透明水色。用笔要有变化，不宜到处平涂，应由浅入深地刻画，加强虚实变化（图5-28）。

④ 重点部位色彩的铺设大致就绪，继而就可整体摆开进行大面积的色彩渲染。运用灵活多变的笔触，进行大块润色。假定采用水彩颜料敷色，利用水的自由流淌与颜料的相互渗透，铺于纸面的色度即使对比很强，但由

图5-28

图5-29

丁水的滋润，渗化在一起就变得协调、稳妥了。色彩的渲染还包括对柱体、烟窗、小车、地面等物体的刻画，特殊质感的表现，可以淋漓尽致地多次湿画、交错用色，色彩对比只要不至于过分刺激，一般都会产生统一感，原因一是水的润泽；二是白描底稿透过透明水色起到调和作用（图5-29）。

⑤ 调整画面色彩的平衡度和疏密关系，加强物体色彩的变化，略作环境色的分布渲染。对因着色而模糊了的结构线，进行必要的重新勾勒，可作修补；如果这些线条虚化后反而感觉生动，就未必画清楚。点缀画面的"亮点"部位色彩，如高高耸立的柱体构筑上的亮光、小车的色彩及烟窗的刻画，加强画面的感染力（图5-30）。

图5-30

图5-30 调整画面色彩的平衡度和对比调和关系，修补硬笔线条，加强"亮点"的表现，席跃良作

二、效果图快速表现的方法

1. 线描勾勒的环节把握

在拷贝、拓印完成的轮廓稿基础上，用硬笔（钢笔、针管笔签字笔、铅笔等）将结构线勾勒出来。在这过程中应注意把握线条的轻重缓急和前后、穿插、转折等关系。尽量在这一阶段将形体、空间和环境等主体表现出来（图5-31A和图5-31B）。

2. 空间块面的表达塑造

在用线条表达形体和空间的基础上，还可以用点和面的手法加强画面的对比效果和表现力。点和面的造型方法有排线塑造和布点塑造两种（图5-32A和图5-32B）。 无论是排线或布点，目的都在于刻画与安排不同程度的灰面，表达出空间形体、渲染环境气氛等。考虑到画面的最后效果，该阶段应尽量不加修改，因此，无论是排线或布点，均需由浅入深（甚至留白），细致沉着地刻画，防止急躁。像素描练习一样，整个画面需要整体推进，这样更有利于画面效果的控制与调整。

图5-31A

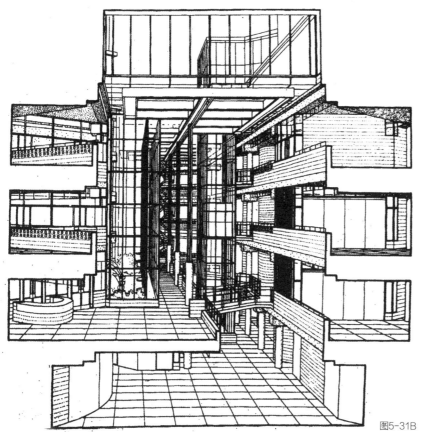

图5-31A 室内空间的线描表现

图5-31B 建筑结构与空间关系的线描表现

图5-31B

图5-32A

图5-32B

图5-32A 线面结合表现建筑环境，郑莺作

图5-32B 采用布点方法渲染建筑空间，周琪英作

3．画面细部表现与点缀

画面细部与人物的点缀，几乎与空间块面同步进行。必要时，也可作为最后调整画面的手段。适当的人物、景物的点缀或细部表现，不但可以弥补构图或画面处理上的不足，而且还起到平衡画面、创造特有气氛的作用（图5-33和图5-34）。

4．单色或多色渲染技法

单色或多色渲染，是在硬笔线条勾勒完成后进行的，或者在效果图接近完成的基础上，可以用色彩或单色渲染的方法，进一步加强画面的色彩倾向，统一画面色调，形成特殊的气氛。色彩渲染尤其要把握整体色调，也可以将硬笔线条勾勒在有色纸上，还可事先在纸上刷一层薄薄的水彩色，获得一个基本的色调，然后再逐步敷色，丰富画面色调。如果采用单色渲染的技法，则可直接用水墨或单色水彩作渲染。在渲染过程中，小面积的色彩可以直接采用平涂的方法，而稍大的面积则可以采用"褪晕"的渲染手法（有关"褪晕"的渲染技法，可参照本书"水彩渲染表现技法"一节）。色彩渲染也可用水性彩色铅笔等其他材料来完成，应当注意铅笔线条的排列与表现对象间的关系，同时彩色铅笔线条的排列应尽量与对象表面质感的表现结合起来（图5-35和图5-36）。

5．画面最后的点睛之笔

色彩的渲染效果一经凸显，紧接着可根据画面的实际效果做最后调整，称之为"点睛之笔"。或"提醒"不该黯淡的环节；或加强对精彩部分的润色；或加一两个色块，空虚处添加一组人物动态，似乎给某一方面增加一块砝码，而平衡整个画面…… 如果在有色纸或色彩底子上进行润色，则应根据表现的内容，用较亮的色彩细心描绘出画面的亮部或高光。

图5-33A

图5-33B

图5-34

图5-35

图5-36

图5-33A 简欧式大厅，马克笔室内家具陈设细部表现，李磊作

图5-33B 大楼形态、材质的细部表现，顾莹作

图5-34 美人榻，彩铅细部表现，俞雪艳作

图5-35 厅堂，棕褐色彩铅室内家具单色渲染，郑莺作

图5-36 用水粉作渲染加强了画面的色彩倾向，形成了特殊效果

凡此种种表现，都必须非常谨慎，色彩衔接切忌生硬而与画面形式脱节。如果在渲染、敷色过程中不经意破坏了原先勾勒的线条，须进行重新勾勒；如果画面的素描关系不够强烈，也可用硬笔的点或面来加强对比效果（图5-37和图5-38）。

三、快速表现方法要点

1. 思考过程中的快速表现

图示作为设计工作的一部分，是一个设计师的设计思考过程。这个过

图5-37

图5-37 塔楼上方着力渲染，下部虚写，艺术效果加强

图5-38 在大面积灰色调的空间中，插上一束白光，活跃了画面，可谓点睛之笔

图5-38

程是通过两种方式来进行思考的：其一，是概念性的思考过程；其二，是逻辑思维性的思考过程。这两者也是快速表现的两个侧重点。

（1）概念性快速表现

思考过程中的概念性快速表现，着重体现设计者的理念和预想及对设计的个人理解，它的过程往往带有强烈的个性色彩和主观思维痕迹。

概念性思考阶段的快速表现，主要是设计师根据设计任务书（或其他设计要求），明确设计意向，大量收集和查阅相关的资料和作品，如相类似的设计作品、大师的优秀作品、前沿理论研究成果等，使自己对设计项目进一步地了解和认识，理清自己的思路，在进行资料收集的同时进行创作构思。对于最初的构想要以设计任务要求为基础，客观实例为借鉴，学习别人的经验，通过快速草图形式进行尝试，不拘泥于形式手法，关键在于合理地展现方案构思和设计特点。一定程度上，概念性阶段在环境设计中是设计师创意水平的集中体现。

在环境设计图示创作过程中，概念性快速草图是指在创作意念的驱动下，知识与经验积累的大背景中驰骋思绪，将复杂的关系抽象、提炼成相关的建筑及环境设计语汇。这种概念性快速草图的表现，很大程度集成了设计师对于建筑和环境的理解，是一种研究性质的图示语言。通过对尺度、细部、空间关系、质地、明暗层次、对比、阴影等方面的设想，体现了设计师在理论与直觉、已知与未知、抽象与具体之间的理解的表达能力。

这里所说的概念性快速草图，不仅指人们通常理解的环境外观图，也包括了环境设计中的其他绘图语言多种方式，从反映环境关系的总平面图到体现细部构造的节点大样图，从表达功能关系的平面图到浓缩空间形态的剖面图等；同时，它也包括设计师灵感突现时勾勒下来的可能是无序的线条草样等（图5-39和图5-40）。

图5-39A 场景构架的概念性草图
图5-39B 国外设计师的环境空间概念性草图

图5-39A

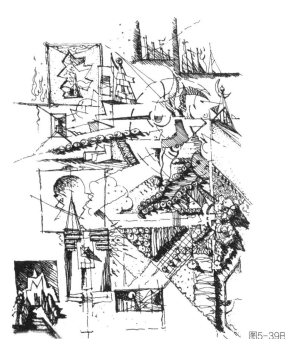

图5-39B

图5-40A

图5-40A 对花坛细部尺度、空间、装饰效果的研究性草图

图5-40B 环境空间的三维分区和体量图解

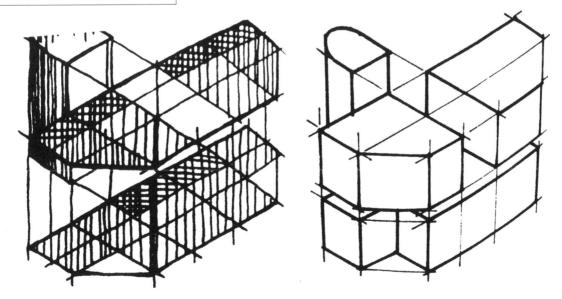

图5-40B

设计的深化，就是细部构造精细化的过程。概念性阶段的图示推敲工作，也是设计各阶段中最酣畅淋漓的时刻，它的展开充满着创造的快感。借助于这种概念性快速草图的表达，设计者可以更好地推敲建筑的立面、剖面等关系，因为空间的观感直接影响到设计者的思维过程，而揣摩这种"虚拟空间"也正是设计师的创造过程的乐趣所在。所以，从设计师的概念性快速草图表现中，人们也能够及时发现设计者的原始意图。

（2）逻辑性快速表现

环境设计思维表现的基本素质是什么呢？是感受能力和诉诸图示形式的快速表达能力。这是一种感性的形象思维，更多地依赖于人脑对于可视形象或图形的空间想象。这种素质的培养，主要依靠设计师本身去建立起科学的图形分析思维方式。

优秀的设计存在于客观实际之中，往往有很多不错的理念，如不符合客观实际，也就无法落实到实处。所以逻辑思维性方式是对感性的形象思维的图示进行疏导，在于着重强调设计一开始就不能排斥理性思考，对项目本身，应作理性的科学分析和推敲，并通过图纸的形式表现出来，分析原因，形成结果。此类逻辑思维性方式的快速草图，能加深设计者对设计任务的认识和理解、设计性质的剖析、可行性因素的取舍、各种利弊关系的权衡等加以彻底的判断，提取有价值的信息并运用到设计之中（图5-41和图5-42）。

图**5-41** 国外设计师对环境空间的逻辑性草图思考
图**5-42** 社区规划分区的逻辑性草图

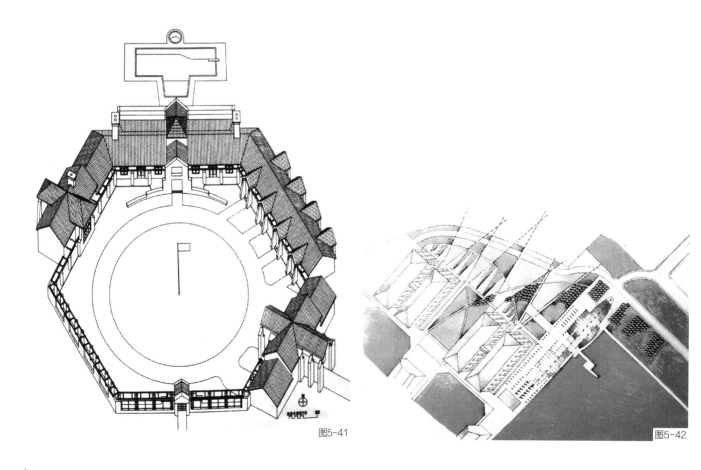

图5-41

图5-42

与此同时，我们常常要分析建设项目的历史渊源和成因、地理气候特征、交通因素、环境空间因素等对设计的影响和相互关系。通过草图形态的快速表现，利用点、线、面来定义、划分、设定种种因素在具体设计中的现状，使设计者不断明确自己的设计目标，能够利用和改善的客观条件，避免不利因素，充分发挥创意的空间，从而使设计立足于理性分析的基础之上，使设计概念有理可循，有据可依，而非为单纯想象的感性形态。

概念性思考和逻辑思维性的思考这两种思考方式，在设计的初级阶段会引导出比较合理、可行、贴切的设计思路，避免个人的主观意识或偏见来影响客观设计的现实意义。设计中可以单独发挥某一种方式的优越性，也可将两种方式结合统筹考虑，使设计从宏观到微观，从整体到局部相得益彰。

2. 确立趣味中心

趣味中心（又称焦点），是画面的核心部分，往往体现画面的主题，观者的视线自然会被吸引而集中过来。每张渲染图都要表达一个意思，理想的一张效果图画面只传递一个信息，成分太复杂时，观者注意力分散，将失去重点（图5-43和图5-44）。

一些国外的建筑大师为了处理好明暗关系，经常在画前用灰颜色做小样。如果没有设计好调子，再好的色彩组合也不行。相反，明暗对比很强时加入新奇的颜色，效果通常很好。我们在作日景时往往很容易重视建筑本身的素描关系，因为日景环境下建筑的明暗较为明显，明确的光影关系很容易突出强烈的明暗对比。夜景则不然，光环境较为复杂，需要我们对建筑本身进行高度概括，虚拟一个明暗对比较为强烈的光环境。

一般来说，在可能的画面调子组合中，最常出现的组合是前景/暗调、中景/亮调、背景/中调。理想的前景应该是明暗对比最弱，作为中景移动的构图框架，中景则是我们的所要表现的建筑主体，具有强烈的明暗对比、鲜明的色彩和丰富的活动。背景处理成中调，衬托与修饰中景，作为视觉

图5-43A 色彩对比很强的客厅（局部），加入新奇的花朵产生了吸引人的效果，沈英作

图5-43B 以浅灰色为主调的小餐桌上摆设了一盆花使画面活跃起来了

图5-43A

图5-43B

图5-44

图5-44 一个中青年外语教师住宅的室内设计方案，闵惠玲作

中心的中景介于前景和背景之间，明暗基调一目了然，当然也可以尝试其他明暗组合，如前景/中调、中景/暗调、背景/亮调，可以用于日落时分亮背景的主题，最强的明暗对比应用在中景区，因为这里才是画面的中心。

3. 色彩表现

在透视关系准确的骨骼上赋予恰当的色彩，可完整体现一个具有真实性和艺术性的形体。人们就是从这些色彩中感受到形体与空间的存在。作为训练的课题，要注重"色彩构成"与"物体色彩空间变化规律"的学习和研究。

在快速表现中，尤其在环境的气氛渲染方面，色彩有着不可替代的作用。一张快速表现图的色彩渲染效果，在某种程度上是决定设计成功与否的关键因素之一。

在着色的过程中，必须有意识地把握某一种色彩的倾向。我们还往往用事先制作底色的方法来较方便地获得一种基本的色调。使用有色纸也是这种方法的运用。底色纸可以购买现成的，也可以自己制作。其色彩以复色为宜，即选用带有一定色彩倾向的中性灰色作为底色，也可以在自己刷制的过程中，用刷色的底纹笔的笔触在纸面上形成一定的肌理和笔触动势，作为将来画面效果的一种补充（图5-45和图5-46）。

色彩之快速表现，还涉及许多方面的知识。除了以色彩写生作为色彩训练的手段外，还应当了解与色彩设计有关的知识，这样才能在色彩的表现中做到"有的放矢"。也不妨采用一些"借鉴"的方法来帮助自己更好地

图5-45A

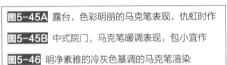

图5-45A 露台，色彩明丽的马克笔表现，仇虹时作

图5-45B 中式院门，马克笔暖调表现，包小宜作

图5-46 明净素雅的冷灰色基调的马克笔渲染

图5-45B

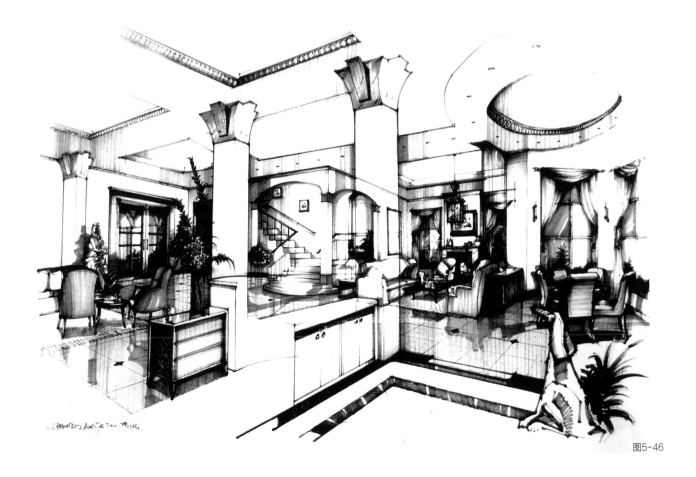

图5-46

表现色彩，色彩"借鉴"的方法通常有以下几种。

一是借鉴现成的色调，即找到一张合适的、色彩效果较好的摄影图片或效果图，作为绘制正稿色彩的参考资料，可以参照其光影色调等，在绘制过程中需要根据实际情况略作调整。

二是根据设计师的要求先确定环境主体色调，然后作一些色彩小稿试验，画一些不同色调的配色稿，从中找到和谐、准确的色彩关系。

色彩的修养也是一个设计师职业水准的标志之一，熟练、快速且真实的渲染手法，是设计师用来阐明个人设计理念，进一步体现空间美感的"基础中的基础"。色彩能力的提高不是一朝一夕可以达到的，重要的是要在实践中不断学习、总结和提高。

4. 艺术风格

快速设计表现可理解为感觉艺术，在理性设计与感性表现之间，设计师应始终保持在激情的状态中去发现、感受和创造美的事物，保留艺术美的新鲜感受，并同艺术灵感一起注入具体的形象和画面之中（图5-47~图5-50）。表现风格是设计师的表达习惯与技法个性在构图安排、塑造形态、表现色彩、协调画面效果中的反复、充分的体现，它的形成取决于设计师的四个素质条件：

一是设计师在长期设计表现实践中积累的方法和习惯；

二是设计师对客观对象美的敏感和正确判断；

图5-47 色彩渗化中的马克笔风格，胡辰怡加彩

图5-47

图5-48

图5-48 国外设计师以彩色铅笔为主的渲染风格

图5-49 马克笔渲染的银灰色调风格

图5-49

图5-50

图5-50 国外设计师精美绝伦的水彩渲染风格

三是艺术的先天灵性与后天修养双重具备；

四是具备思辨的磨炼精神，善于感悟艺术哲理。

表现风格的形成以设计师的艺术素质为前提，是设计师运用技法表达空间、形态、色彩中形成的笔法形式特征和艺术个性。如果把设计与表现作为主、客体关系来认识，那么设计表现就应成为设计师主观能动地调整环境设计向艺术方向发展的有效手段。在设计与表现的直觉—理性—感性的能动转换中，设计师对美的感悟、灵性的触动、创新的意念一起揉进表现的形式中，风格的意向之美便逐渐地孕育而产生。与此同时，对某种风格特征和艺术个性的感受将产生特有的审美趣味和艺术感染力，以达到美感共鸣来带动认同设计的目的，以此为条件的设计交流和沟通将提升到更高的艺术层面上展开。

第三节　室内空间的快速表现

室内设计效果图的快速表现训练，是培养设计者的动手能力、敏锐的观察力、艺术概括力、空间思维能力和提高专业素养的理想途径。快速表现，是在较短的时间内，通过简捷、快速的手段绘制出室内空间表现图的技法，是频繁使用的一种手绘方式。它贯穿于整个设计过程，为设计师提供形象化的思维和表达创意的手段，也成为与业主交流中快速沟通、解决问题的手段。常见的快速表现技法有透明水色技法、彩色铅笔技法、马克笔技法和综合技法。使用的工具有铅笔、钢笔和针管笔、马克笔、彩色铅笔等。

一般来说，无论是家居环境空间还是公共环境空间，室内空间表现效果图中都会涉及各种装饰材料和居家陈设等，因此要在表现时有所区别，先从一些室内空间陈设开始，然后再过渡到完整的室内空间效果图。通过对这些要素的认识与表现，把握与运用多种形式的表现技巧，逐步培养学习者的动手能力及表现力。

一、家具类的快速表现

家具是室内环境的一个重要组成部分，是构造室内环境的使用功能与视觉美感的最关键的因素之一。室内空间家具类的快速表现是在遵循透视原则的基础上，以快速的形式将家具、陈设，如沙发、椅子、床头柜、电视机、花瓶、绿色植物等住宅的基本构成元素提取出来，对其单独进行造型、着色训练，使我们更深入地了解和掌握形体结构，材料的量感、光感，在完整表现对象的基础上进行主观的处理，大胆取舍，培养短时间内快速、准确表现对象的能力。家具类由多种材质构成，如木质表面（高光、亚光和不做漆等不同处理）、金属表面（反光反射等光感与无光感效果）、皮革表面（深棕色、棕色、浅黄色、米色……）。在表现过程中，不同材质表面的家具应赋予不同的表达语言，如皮革表现的特点为表面光感强、明暗差别较大但无反像，绘画的时候要把握住其特点，根据具体造型细致地刻画，明暗表现对比较强为好（图5-51～图5-53）。

图5-51 室内家具陈设的马克笔快速表现

图5-51

图5-52

图5-53

二、各类材质的快速表现

材质是由产品质地所产生的视觉感知的特征。室内装饰中材质的使用最为普遍，其特点是加工容易，纹理自然天成。室内装饰用材的材质可分为木材、布艺、金属、石材、镜面玻璃等。表现这些材质时，除了其固有色以外，最有效的方法是对光感——反光、透光、折射等因素的表现，以此反映出物体与材料的真实性。由于与客户的沟通，快速的形式表现，决定它不能根据实物进行写生，这就要求设计者平时要多注意观察和分析各种材质肌理的视觉特征，通过设计者的感觉特征来实现设计方案。

1. 木材的快速表现

木材的质感往往表现在木质配件、家具设计与室内设计之中。其特征为：未刨光的原木，反光性比较弱，多纹理；刨光的木材，反光性较强，固有色较多，有倒影的效果。最明显的视觉特征是具有美观与自然的色彩与纹理，因此，对于木材表现，纹理与质地应侧重于对光影与明暗的表现。在水粉技法表现木材质感时，一般先用比较稀薄的颜料画出底色，再用略干而重一些的颜料在未干的色底上拖扫出木纹；或等色底干后，用彩色铅笔轻松地扫出纹理；还有一种方法是可以先用油画棒在干净的纸面上表现木纹的肌理，然后罩上木色而显露木纹；马克笔的表现方法，可采用粗细笔头并用叠色，产生相应的纹理，还可平置涂色时，两块色条搭接处理自然形成纹理，生动、自然……表现的方法很多，可以作多种尝试（图5-54~图5-56）。

2. 石材的快速表现

石材的种类较多，常用的建筑石材有花岗岩、大理石、人造石等。石材随其产地的不同，颜色和纹理常常会有差异。磨光的花岗岩和大理石，光洁平滑，可以隐约反射出对面景物，高光较强。参差不齐的石料，自然性强，经过表面砍削处理后，显得粗糙，反光消失，表面的转折过渡清楚，中间色调较多。毛石石材，表面凹凸不平，体积感强。小比尺的石材

图5-52 休息小厅家具陈设表现，范晓燕作

图5-53 室内各类陈设的快速表现，李鸿明作

图5-54 木质家具的马克笔快速表现

图5-54

图5-55

图5-56

墙面只要在部分墙面画出一些石块即可，但要注意把握大的色调；大比尺的石材墙面常常需要画出石块的体积与石缝，甚至石缝中的落影。大理石的纹理可以用彩色铅笔画出来（图5-57~图5-60）。

3. 金属的快速表现

在室内外环境艺术设计中常见的金属材料有不锈钢、铜材等。金属材料有抛光面质地、亚光面质地等表面质感。金属材料都有强反光的质感特征，而且质地坚硬、细腻，因此表面的明暗和光影变化反差大，经常是最亮的部分靠近最暗的部分，并有强烈的高光和暗影。在室内环境中，大面积的色彩将映射到金属材料表面，使金属材料本色显现减弱，环境色直接影响到材料的主色调，因此表现时要抓住这些特点，要表现金属的硬度，刻画应该肯定一点，对比强一点（图5-61和图5-62）。

4. 玻璃的快速表现

玻璃，是建筑中常用的新型材料。建筑幕墙，是一种新的建筑词汇。常见的玻璃一般有两大类：一类是透明玻璃，另一类是反射玻璃。透明玻璃根据其颜色可分为无色透明玻璃、蓝色透明玻璃、灰色透明玻璃、黑色透明玻璃和茶色透明玻璃等。反射玻璃可分为镜面玻璃和半镜面玻璃。玻璃的种类

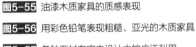

图5-55 油漆木质家具的质感表现

图5-56 用彩色铅笔表现粗糙、亚光的木质家具

图5-57 各种石材在室内设计中的广泛利用

图5-58 花岗石（大理石）的各种质地表现

图5-57

图5-58

图5-59

图5-60

图5-61

图5-62

不同，其画法也大不一样，下面分别介绍透明玻璃和反射玻璃的画法。

表现透明玻璃一般用水彩颜料和马克笔着色，有时局部（如反光部分）也可以加一点水粉颜料和色粉笔。镜面玻璃的反射能力很强，表面光洁，由于没有透明性，没有清晰的亮部划分，其色彩往往是透映背景色彩。表现时，需在背景色的基础上带上它本身的色彩倾向。基本不画室内配景，而是画出周围环境在镜面玻璃上的映像。表现镜面玻璃上的天空映象可以用水彩颜料、水粉颜料着色，也可用马克笔等上色。由于镜面玻璃幕墙映象反映的是对面的景物，阳光对对面景物的照射角度与建筑物所在方向不同，因此映像的色彩要和背景区别开来，不能用完全一样的色彩着色，否则建筑物就变成了一座像由窗框组成的空架子（图5-63和图5-64）。

图5-59 西班牙式海洋别墅石体构筑的质地表现

图5-60 在色底上表现的多种石体效果

图5-61 大厅柱体等金属器材强烈的光泽质感表现

图5-62 不锈钢环境雕塑的手绘表现

图5-63   图5-64

三、室内陈设空间的快速表现

室内陈设空间的快速表现，是围绕室内三大界面：墙面、地面、顶面之间的相互组合关系和简单的结构布局，按照空间需要而进行的。它包括灯具（吊灯、落地灯、台灯、壁灯等）、装饰画、纺织品（靠垫、窗帘、床上用品）以及各种装饰品等。陈设空间的快速表现强调空间透视的相对准确性，运用色彩的特性表现空间的距离感、进深感等。家具、陈设与墙面、地面、顶面所形成室内的一个空间，为设计提供了处理空间主体及相关环境关系的表现内容，包括形体的关系、色彩的关系、材质的关系、光影的关系等，从而让设计师整体地把握和控制画面效果。室内的配景元素，其色彩搭配要服从于整个画面色调，应含有主色调的成分，使整个画面和谐。例如，日光灯不能用纯白色，而要根据画面色调，配置明度较高的冷灰色或暖灰色。室内的配景，要注意透视关系和利用色彩的变化来进行，表现出陈设空间的远近关系。

1. 灯具的快速表现

在室内设计效果图的表现中，灯具、灯光直接影响到整个室内设计的格调，灯光的表现主要借助于明暗对比度关系突出画面效果。不同材料有不同的色彩和质感，环境效果图的表现渲染应当将那些灯具光色材料特征予以恰当表达。一般来说，重点灯光的背景处理色彩对比相对较强，以产生强烈的对比作用（图5-65和图5-66）。

图5-63 玻璃与镜面材质的快速性表现

图5-64 室内采用的玻璃镜面质感的快速性表现

图5-65 利用色粉笔等颜料在色纸上快速表现的台灯和壁灯

图5-66 灯光灿烂的夜市水粉效果图

图5-65

图5-66

2. 纺织品的快速表现

纺织品有棉、麻、毛和化学纤维等，属于亚光类，也有化学纤维等光泽类织品。其表现主要强调纹理和质感。一般来说，不论薄厚或何种颜色、纹理，其共同点都是"透气"两个字，因为毕竟表现的是布，质地无论厚薄，都不需要把色彩涂得过于稠密、浓重，轻松用笔可表现出轻薄感。有时，还要考虑到环境色彩的反射作用。在纺织品的表现中其特征为：如单色布艺，用水彩、水粉表现较为适合，便于表现轻松效果，此类织物须注意形体转折而产生的光影变化；有花纹的织物，如地毯、带花纹的沙发等，特点是厚重而柔软，颜料可略稠，趁不太干的时候接色，色泽滋润而轻松，或者，可以在基本完成的色底上空出花纹，用彩色铅笔描绘花纹，同时再掺加一些水粉色；麻和毛类织物特点是粗、松和透气，可采用带纹理的纸张，或在涂过厚重水粉的色底干透后进行表现，笔触宜疏松略带飞白等。因此，设计者在表现时一定要将这些因素加以充分考虑，驾轻就熟地将织物的质感展现在人们的眼前（图5-67和图5-68）。

图5-67 卧室的窗幔、床上用品等纺织品的马克笔快速表现（1）

图5-68 卧室的窗幔、床上用品等纺织品的马克笔快速表现（2）

3. 窗框的快速表现

窗框过去常用木料制作，现在窗框则多为涂有油漆的钢窗框、铝合金窗框和不锈钢窗框等。国外铝合金窗框用得最多，一般标准楼层常采用铝合金窗框，而底层则采用更为高级的不锈钢窗框和门框。钢窗的颜色要根据油漆颜色而定，但要考虑到不同光线下色彩的变化，阳光下偏暖而明度高，阴影处偏冷而明度低。铝合金窗框颜色较多，有银白色、浅赭色、深赭色、熟褐色等。不锈钢的颜色有画成暖色的，也有画成冷色的，但颜色都比较淡。铝合金窗框的颜色也很淡，基本上以白色为基调，调配进两三种颜色即可。窗框的色彩变化要和玻璃的色彩变化统一起来，以加强整体感（图5-69）。

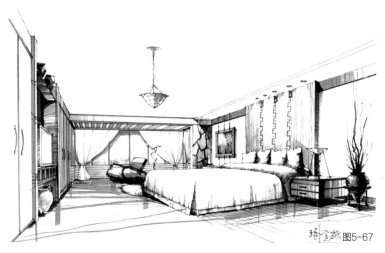

图5-67

图5-68

图5-69

图5-69 室内空间窗框的快速表现

第四节　室外效果图快速表现技法

快速表现与设计思维有一种互动作用，它可激发设计者的灵感，能使设计方案更加合理，不断完善。室外快速表现与较精制的慢工精细表现相比，更具随意性和快捷性的特点，适用于方案设计时间较短的招标、竞赛，能够根据方案精神，多角度地进行快速表现，赢得提供选择的余地而取得主动权，设计师还可在现场随机作出初步构思的草图表达，这些都是室外快速表现效果图的优势。

设计的过程是一个复杂的创造过程，设计师只有巧妙运用抽象思维和具体形象的交替活动，才能更有效地把握涉及的功能、色彩、材料、审美等设计因素。设计过程中，快速表现借助视觉感知，深化并最终产生相对完善的设计方案。以下就室外效果图中相关快速表现的元素分别予以表述。

一、点缀人物的快速表现

在室内外效果图表现中需要点缀人物以显示室内外的规模、功能与气氛。一般来说，环境效果图中的人物身长比例为8~10个头长，这样的比例看上去较为利落、秀气。在画远处的人物时，可先从头部开始，依次为上肢、躯干、下肢，四个部分逐个刻画，要着重大的关系与大姿态，用笔干净利落，不必细画，近处人物可以表现清晰一点（图5-70A~图5-70C）。人物的一般表现程序为：

①　先画出人的整个头部，不分头发和面孔，一律用深赭色或其他需要的颜色。若视平线位于人眼高度，则人的头部应在视平线上或紧靠视平线。

②　用不同色彩画出的服装部分，颜色纯度可稍同一些。

③　四肢露出部分的着色如果水粉颜料是以白色为主，调入少量朱红和赭石；如是马克笔，则选用与水色相应的色标颜色；若人物是走向画面深处的，不必加面部，若是面部朝前的，则用四肢的颜色在头部深赭色上点出面部色彩。

④ 加上衣服的阴影及衣服在腿部的落影，人物的体积感便得到加强，最后画出人物在地面上的落影，不能画死，应有空间起伏感。

二、配景的快速表现

在室外环境效果图表现中，配景具有很重要的作用，如同人物和家具是环境中必不可少的，可以活跃画面，增添气氛。配景如果表现得不自然，会直接影响画面的效果，因此，只有通过多方面的训练，学会快速表现的手法，才能真正画好效果图。配景着色主要包括车、树、天空、云和山等方面。

图5-70A 室内外空间人物的快速表现

图5-70B 男性人物快速表现的程式：肩方而宽、腿细而下、头颈小

图5-70C 女性人物快速表现的程式：体态修长、腰高腿长、马尾轻摆

1. 树木的表现

树木同人一样是具有生命的形态，以柔和的线条体现美感。树木的形状与建筑物形状及其环境相结合的表现，对成功表现建筑造型，渲染环境气氛是很重要的。由于树木结构复杂，在表现时要适当选择方法进行，有写实的，也有装饰的，也有线描的等。因此，环境设计师对设计图中的树木大小、比例和位置要认真推敲。树木的着色方法为：远景树木常用较冷的色彩，明度较高，纯度较低，不分枝、干、叶，但注意轮廓线不要太呆板；中景树木对于烘托画面效果最为重要，但也不要面面俱到过于写实，应对色彩进行概括，大体用4种不同明度的灰绿色即可。灰绿色可用普蓝、橘黄和白色调出，也可以加入少量赭石。当然，树木大类中还包括各种类型的植物、盆景，如树冠的表现、灌木丛的表现、花草的表现、盆景的表现等都是环境设计中不可缺少的组成元素（图5-71和图5-72）。

2. 交通工具的表现

交通工具在现代环境中司空见惯，在效果图表现中是个难题，它涉及许多类型，如飞机、地铁、自行车、小汽车、摩托车等。它在室外效果图表现中是不可缺少的内容，能烘托气氛，活跃环境空间，起到画龙点睛的作用。在表现过程中，一般要注意交通工具与环境、建筑物、人的比例关系，摆布不宜比例失调而缺少真实感。画车时，以车轮直径的比例来确定车身的长度及其整体比例关系，一般应根据画面要求设计车身色彩，车身

图5-70A

图5-70C

图5-70B

图5-71A

图5-71B

图5-71C

图5-71E

图5-71D

图5-71F

图5-71A	配景树木的马克笔快速表现
图5-71B	棕榈类配景植物的水彩快速表现
图5-71C	竹子类配景植物马克笔快速表现
图5-71D	花卉类配景植物的水彩快速表现
图5-71E	盆景类配景植物的马克笔快速表现
图5-71F	树木、配景植物的马克笔快速表现

图5-72A

图5-72B

油漆较亮，具有一定反射光的能力，故车身不宜平涂，用笔触处理出简单变化，以表现对周围景色的反射效果，车窗框、进风口、防撞器、车灯、车门缝、车把手以及车身在地面上的落影、倒影等，都要在画面上交代清楚（图5-73和图5-74）。

图5-72A 树木配景组合马克笔快速表现
图5-72B 配景树冠的马克笔快速表现
图5-73 用彩色铅笔对小汽车的快速表现
图5-74A 马克笔手绘交通工具
图5-74B 水粉手绘交通工具

图5-73

图5-74A

图5-74B

三、小场景局部的快速表现

室外建筑配景的小场景表现，是效果图快速表现形式的重要内容。小场景的局部表现，反映了人类社会的生活形态，民俗、民族风格。整体环境是由不同特点的组织元素、适当的结构和局部形式所组成的，通过对环境或建筑局部的描述，让人们逐步了解环境、建筑的各种基本结构形式或实用价值（图5-75和图5-76）。

外墙是建筑环境中极易使人关注的室外小场景，在现实场景以及画面中都是十分突出的部位，有道是："窥一斑而见全豹"，从这一侧面能够反映建筑环境的整体面貌和地域文化、生活情趣。白色外墙还能够增强画面中的层次，衬托、统一整体色彩。以外墙作为局部进行快速表现，也是因为这一局部的重要性（图5-77）。

外墙材料一般都比较坚硬、厚重，为了表现这种特点通常都用水粉颜料、马克笔等着色。外墙着色时，要注意其大的色彩关系应与整幅画面的色调协调，在墙面的颜料里加入适量的背景颜料是取得协调的简便方法。墙面作画程序通常先从亮面开始，然后推向灰面和暗面部位，最后添加高光和阴影部分的颜色。阴影部分一般是先画阴面，后画落影，一般情况下，阴面处理得比落影亮一些。墙面色彩要根据空间关系进行变化处理，基本规律是近处墙面暖一些，明亮度高一些，纯度高而对比较强，尤其处于重点部位的墙面更应如此；而远处墙面则偏冷，明度暗一些，纯度低而对比较弱。色彩变化不必做均匀褪晕，只需作出大色块变化即可，每个色块只需平涂，色块边缘要错落有致，色块搭接部分切忌齐整，否则会显得过于呆板（图5-78A）。如果是砖石墙的表面粗糙，色彩不统一，可用砖石的本色加入少量其他颜色，以增加墙面色彩混杂的真实感（图5-78B）。

图5-75 室内场景综合技法快速表现，翁佳撰作

图5-76 建筑与水体马克笔局部表现

图5-75

图5-76

图5-77

图5-77 钢笔淡彩，建筑体的局部特写

图5-78A

图5-78B

四、大场景综合的快速表现

1. 天空的表现

在绘制建筑外观和室外环境空间的大场景的快速表现中，以天空作为背景是切不可少的。建筑环境是画面的主题，而天空及其他配景对整个建筑及其空间有衬托的作用。在表现过程中，天空一般呈现渐变的颜色，通常以地平线附近颜色较浅，越到天顶越显得蓝。天空的表现，水色颜料一般用薄画法来完成，先用大笔以清水把天空的范围涂一次，待水分未干时，用沾有颜色的毛笔突出云彩（图5-79~图5-81）。彩色铅笔，可用水性，可以渗化渲染；而马克笔以湿画方法为宜，颜色切忌过重，因一经下笔则无法涂改，是为难点。

2. 道路的表现

在室外的效果图表现中，道路或地面也是不可或缺的组成部分，它将建筑物承托起来产生脉络感。在以往的有些画法中，常把画面塞满，结果在建筑物前面出现一个无法实现的广场，这样或多或少减弱了环境气氛的真实感。应把道路与建筑空间有机地联系起来，如建筑物下方的虚化与道路相呼应，可使空间感大大增色（图5-82）。

若效果图是渲染在色纸上或者画在用水彩颜料涂刷的色底上，地面和路面一般用水彩颜料或水性彩色铅笔着色。前者用水彩笔或水粉笔着色，

图5-79

图5-80

图5-79 彩铅略加水色快速表现，几乎是空白的天空高深莫测

图5-80 水彩渲染，风车与明净的天空

图5-81 水彩快速表现，蔚蓝的天空滋润而明净

图5-81

在色纸上都应留出笔触。地面或路面的色调要与建筑的色调相协调，并注意用色彩的色相、明度、纯度变化表现出空间感。为了使画面生动，常常画出建筑物在地面或路面上的落影或倒影。道路上常有车辆分道线、人行横道线、路面分缝线及车辆走过的辙迹等，可用明度较高的色粉笔、水粉色等画出。线面不能使用纯白色，否则会过于突出。

图5-82 马克笔快速表现-镶嵌在绿地中的道路

图5-82

参考文献

1. ［美］约翰·沙克拉. 设计——现代主义之后［M］. 上海：上海人民美术出版社，1995.

2. ［美］程大锦. 室内设计图解［M］. 乐民成译. 北京：中国建筑工业出版社，1992.

3. 刘永德，［日］三村翰弘，川西里昌，于三和夫. 建筑外环境设计［M］. 北京：中国建筑工业出版社，1997.

4. ［美］R·Y余人道. 建筑绘画：绘图类型与方法图解［M］. 陆卫东，汪翎，申湘，等译. 北京：中国建筑工业出版社，1999.

5. 杨健. 家居空间设计与快速表现［M］. 沈阳：辽宁科学技术出版社，2003.

6. 柯美霞. 室内设计手绘效果图表现［M］. 沈阳：辽宁美术出版社，2005.

7. ［英］比尔·里斯贝罗. 西方建筑［M］. 陈健译. 南京：江苏人民出版社，2001.

8. 符宗荣. 室内设计表现图技法［M］. 北京：中国建筑工业出版社，2004.

9. 韦自力. 居室空间效果图——马克笔快速表现技法［M］. 南宁：广西美术出版社，2007.

10. 谢尘. 建筑场景快速表现［M］. 武汉：湖北美术出版社，2007.

11. 张绮蔓，郑曙旸. 室内设计资料集［M］北京：中国建筑工业出版社，1996.

12. 席跃良. 环境艺术设计概论［M］. 北京：清华大学出版社，2006.

13. 王卫国. 饭店改革与室内装饰指南［M］. 北京：中国旅游出版社，1997.

14. 中国室内设计年刊［M］. 武汉：华中科技大学出版社，1997.